U0175251

DESIGN WISDOM IN SMALL SPACE II

小空间设计系列Ⅱ

CLOTHING SHOP

服饰店

（美）乔·金特里／编 李婵／译

辽宁科学技术出版社
·沈阳·

CONTENTS 目录

FASHION SHOPS
服装店

SHOES & BAGS SHOPS
鞋包店

FASHION SHOPS

服装店

joanajoão

设计：Kube 建筑设计事务所（Kube Arquitetura）

摄影：若奥·曼克奈斯（João Magnus）

地点：巴西 里约热内卢

如何巧妙运用趣味元素打造童装店

乔安娜·若奥童装店

设计观点

- 彩带陈列架
- 木屋试衣间

主要材料

- 地面——保留原有地面
- 墙面——石材（Terracor Stone 22）
- 天花——内嵌石膏板

平面图

1. 入口
2. 陈列柜
3. 试衣间
4. 收银台

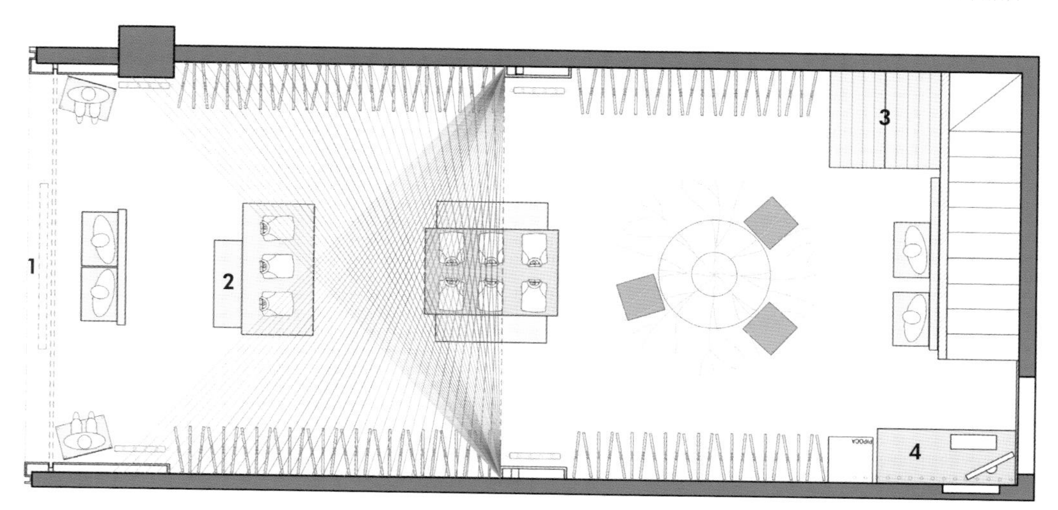

背景

乔安娜·若奥（Joana João）品牌创立于1984年，致力于儿童装饰、儿童家具及童装领域，其中童装以宴会礼服为主打，是其经典系列。直到1989年，品牌产品线开始扩张，除经典系列，还生产8岁以下儿童时装。2017年，该品牌开设了全新的概念店，旨在提升自身形象。

设计理念

这一项目旨在打造一个童趣乐园，因此设计师以“挑绷子游戏”为灵感，巧妙运用了珠子和彩带。透过完全开放的里面可以清晰看到从天花上悬垂下来的彩色丝带，童趣十足。入口中央放置着白色洞洞板用于展示店内商品。店铺中央摆放着木质桌椅，用于陈列商品，黄色丝带细节装饰增添了趣味性。旁边是一座小木屋，里面放置圆形座椅，小朋友可以在这里画画，而父母则可以安心选购商品了。另外，小朋友也可以把自己的作品悬挂在“树干”上，通过他们积极地参与来改变店铺的形象。木屋上开着蓝色的小窗，可以让小朋友边试衣服，边观察外面的场景。

anajoão

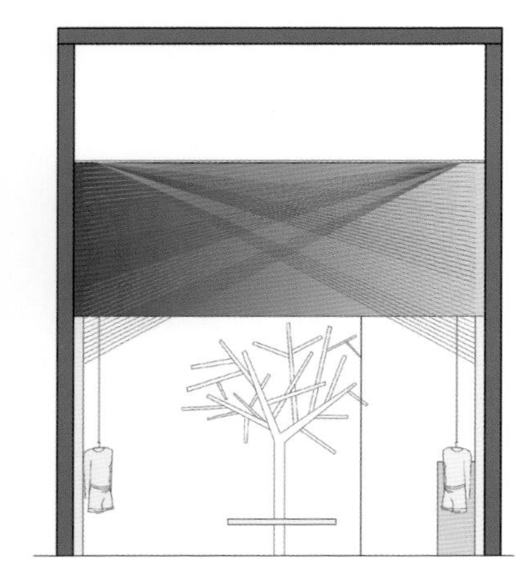

剖面图

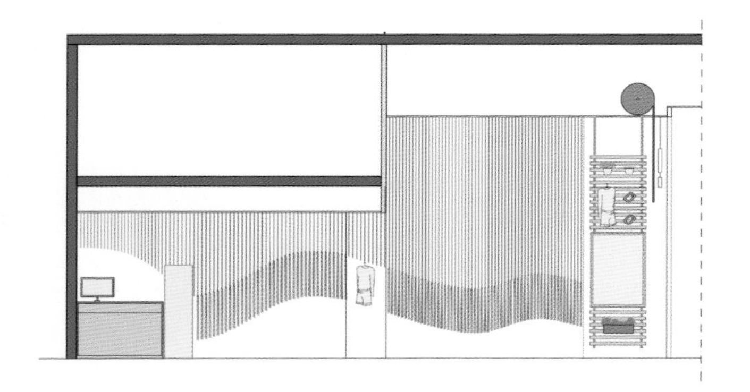

剖面图

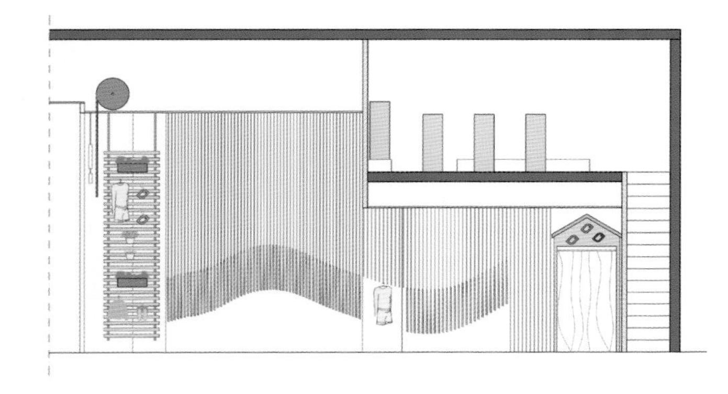

剖面图

两侧墙壁前悬垂下来的彩带共有五种颜色，从蓝色变换到绿色，用来悬挂衣服。另外，其距离地面的高度并不相同，这样更能提升可见度。

FERLIONI

设计：The Goort 设计工作室（The Goort）

摄影：伊万・阿夫杰恩科（Ivan Avdeenko）

地点：乌克兰 基辅

如何将“童真”设计融合到品牌形象和店铺空间内

Ferlioni 儿童服装店

设计观点

- 品牌形象和室内空间相辅相成
- 寻求关联性

主要材料

- 瓷砖、中纤板、大理石台面、喷漆金属

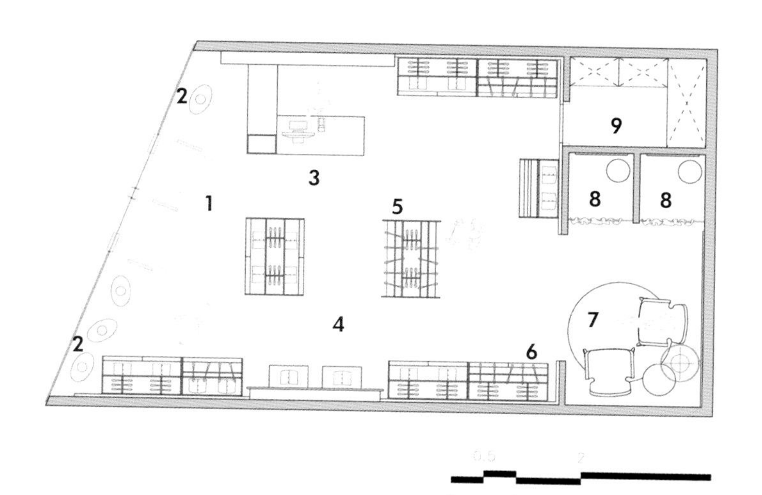

平面图

1. 入口
2. 橱窗
3. 收银台
4. 多功能零售区
5. 折扣柜台
6. 新品陈列区
7. 休息区
8. 试衣间
9. 储藏室

背景

在与委托人第一次会面的时候，设计师用一句话总结了具体任务，即为其童装店打造一个符合其品牌精神的视觉形象，同时使整个店铺脱颖而出。最终，设计团队花了 6 个月时间完成了所有任务。

设计理念

这一店铺旨在打造一个热情洋溢的空间氛围，并模仿成人服饰店设计理念。品牌形象突显优雅品质，配色和图案选择彰显儿童形象，同时在视觉形象和空间装饰中运用了一些特定元素。

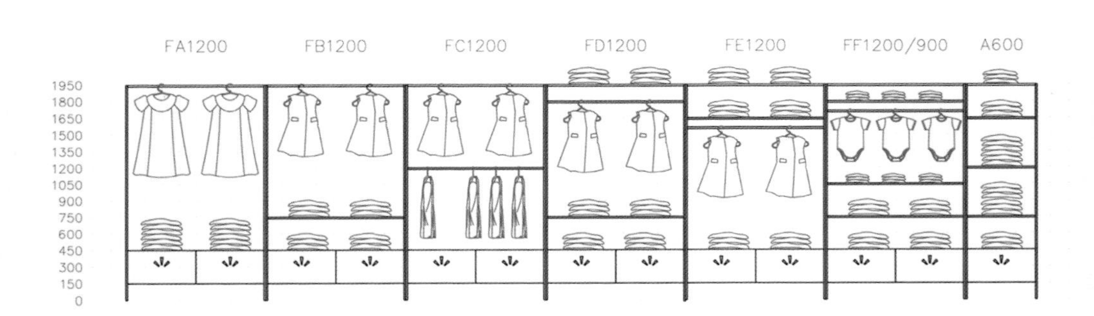

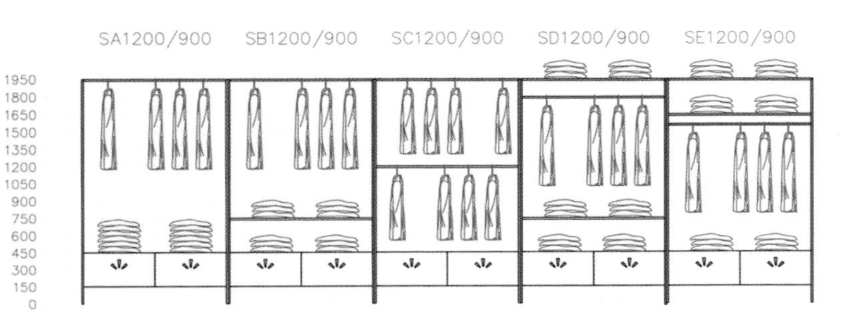

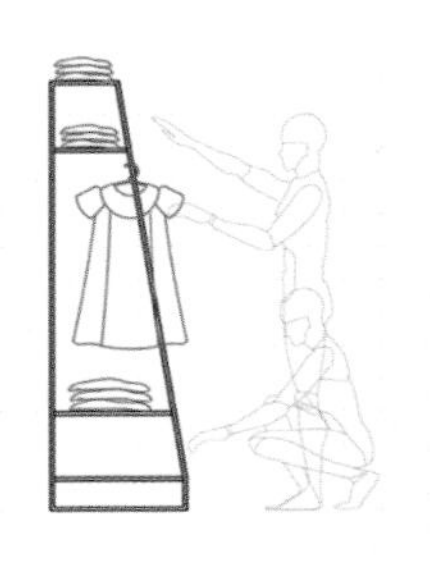

模块陈列架系统

品牌名称“Ferlioni”意指孩子们眼中的“动物之王”——狮子。设计师从中受到启发，采用“王冠”作为品牌形象，同时在室内空间使用金色设计，突出主题。此外，他们在字母“i”上面专门打造了一个由三条光线构成的“王冠”图案，并将其作为品牌标识，运用到不同的设计元素之中。

室内空间以简洁为主要特性，与品牌形象保持一致，为色彩亮丽的服饰提供了完美背景。白色空间中注入柔和的粉色，金色细节结构和木质元素传达出温馨的气息。店内家具全部定制，宽阔的陈列架采用模块式组合设计，能够打造多种可能。

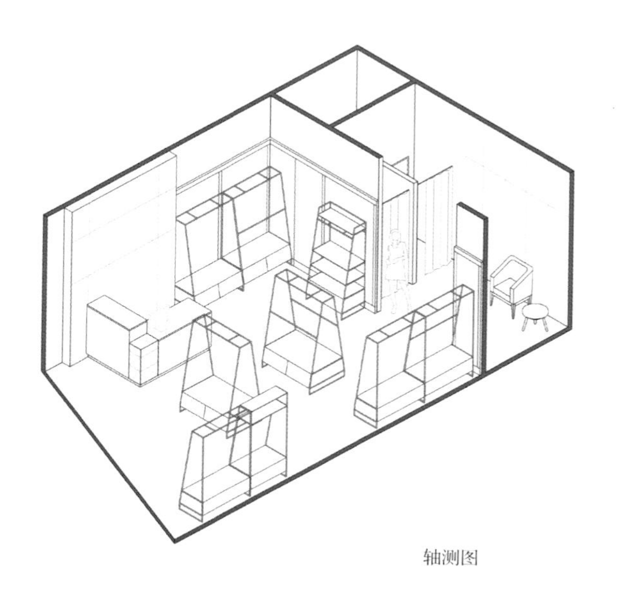

轴测图

PETITE POMME
PETITE POMME

设计：Erbalunga 工作室

摄影：伊万·卡塞尔·尼埃托（Iván Casal Nieto ）

地点：西班牙 加利西亚

如何通过用心设计提升购物体验

Petite Pomme 童装店

设计观点

- 引入先进材料
- 取悦儿童顾客

主要材料

- 彩色条纹松木板、聚碳酸酯板

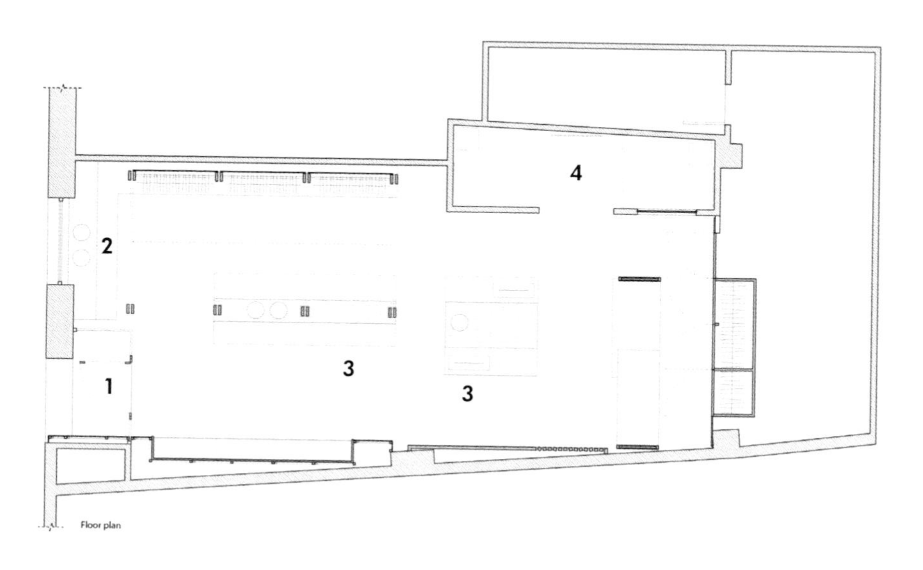

平面图

1. 入口
2. 橱窗
3. 陈列柜
4. 试衣间

在店铺入口处，背光照明聚碳酸酯墙面与花岗岩外立面形成鲜明对比，让客户清晰感受到室内外的差异。

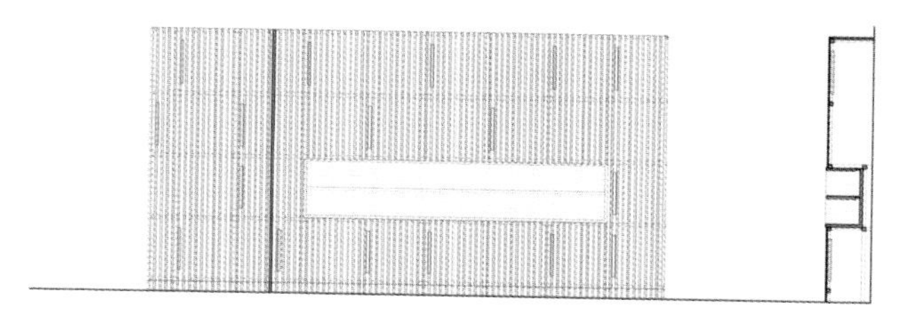

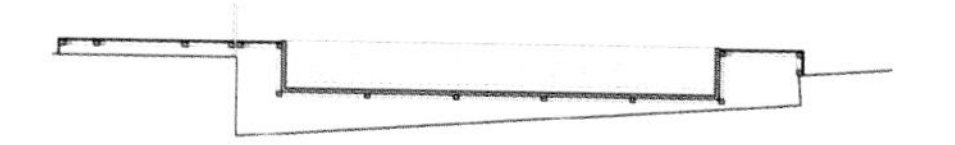

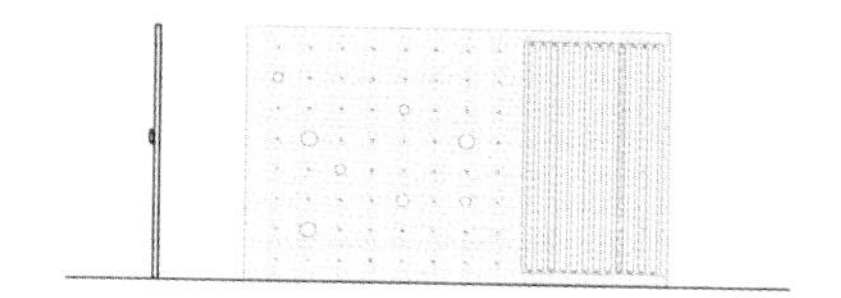

立面图

背景

Petite Pomme 童装店位于小镇中心，品牌创始人希望通过用心的设计来提升消费者在店内的购物体验。

设计理念

这一设计从原有建筑的历史风格中剥离出来，因此设计师故意模糊天花和墙面之间的界限，从而构筑出一个独立的内部空间。

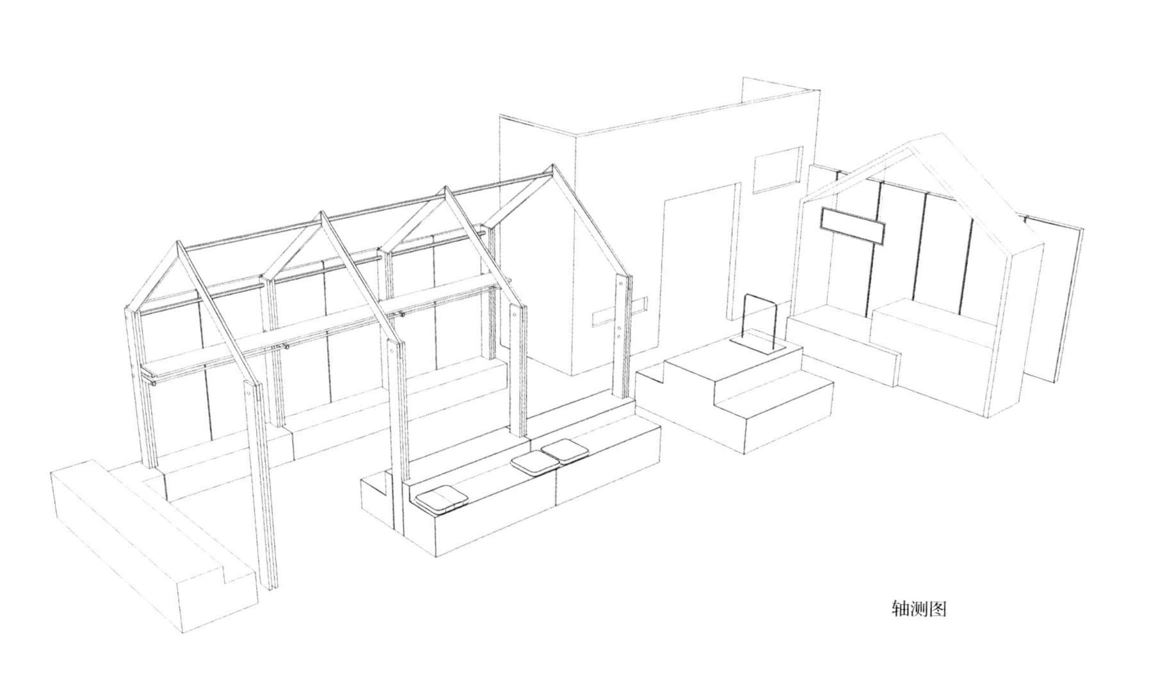

轴测图

这一项目中尤为重要的一点即为拆除了原有空间的吊顶结构，重新恢复室内原有高度，开启了整个设计的全新之旅。开放式的空间被分割成不同的结构，如背光墙面、柜台和试衣间，营造出一条流畅的动线，同时将商品更好地分组展示。

这些独特的元素不仅能够更好地陈列商品，同时更能为孩子们提供娱乐的设施。

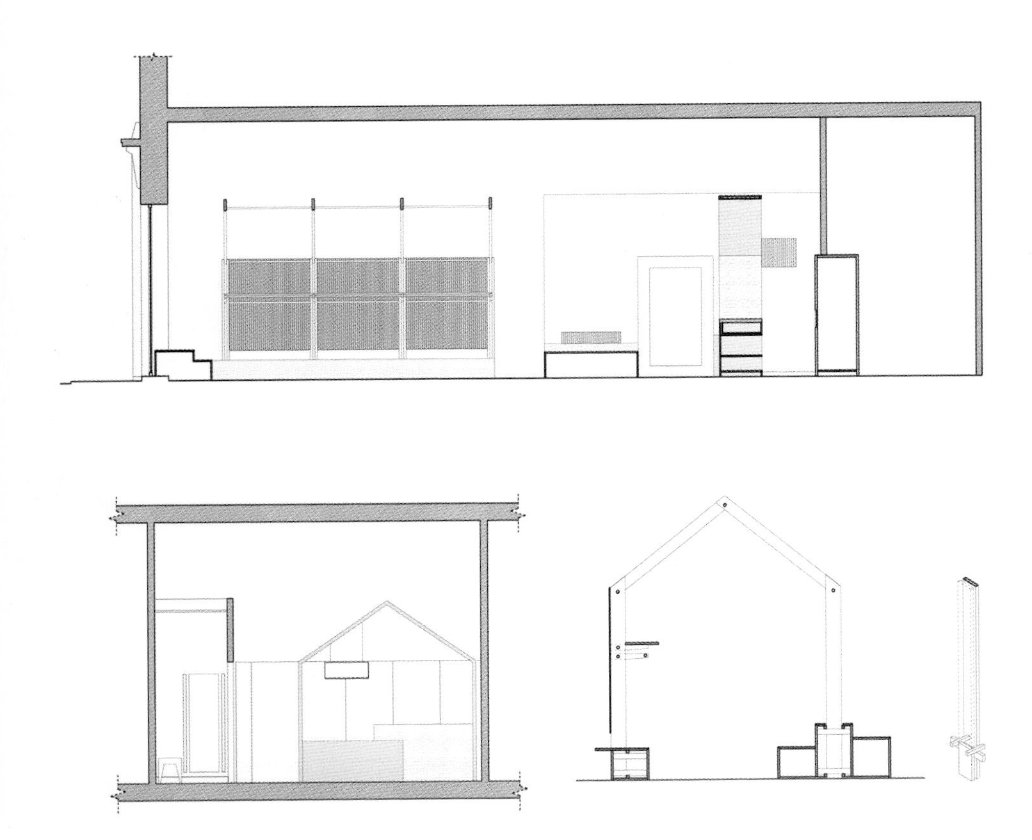

剖面图

PETITE POMME

充满活力的色彩、巧妙的照明和对比强烈的材料（木材和聚碳酸酯）易于引起路人注意的同时，更增强了整个街区的现代化气息。

小 面 积 童 装 店 设 计 要 点 及 技 巧

店面设计

• 外观

——童装店的外观应符合自身档次，这样便于不同的消费群体根据需求做出选择。店面多采用现代风格，因为孩子是对新生事物最感兴趣的，他们喜欢探索事物，所以设计要抓住孩子们的心理和兴趣点。

• 招牌

——招牌设计的关键是好的店名，要抓住孩子们的心理，他们喜欢的卡通人物、动物以及网络人物形象等都是可以选用的。总之，一定是孩子们感兴趣的，而且是能够理解的。招牌样式应根据店名的内涵来做，例如店名是卡通人物名字，就可以在招牌上画上这个卡通的形象。字体的选择也会在某种程度上决定店铺的档次，一般水晶字会比泡沫字高端。另外，字体的颜色和招牌要形成对比，便于顾客在远处识别。

• 橱窗

——橱窗设计也是店面的组成部分，可以看作是店铺的一个小展厅，客人很多时候是看了橱窗的服装才决定进店的，所以橱窗的设计必须具有很大的吸引力，要配上合适的灯光，合适的色彩，合适的文字，要巧妙的布景。

空间设计和装饰

• 合理利用空间

——对于面积相对较小的童装店来说。合理设计区域尤为重要，不能给人看着很拥挤的感觉，可以适当地增加一些镜子，在视觉上增大面积。另外，在摆放货架或者陈列杆的时候都要注意空间的问题。

• 试衣间的设置和具体位置

——建议将试衣间设置在离店门较远的地方，这样，自然就能让客人经过更多的产品。同时还要增加趣味性，如树屋、帐篷造型的试衣间。（图 1、图 2）

1

• 收银台的设置和具体位置

——收银台是专业店铺都应该具备的。其大小最好能够容纳 一台收银机，同时还有一定的位置放一些宣传小册子或者是促销 KT 版。如带有 LOGO，最好是朝向店门，让客人进来的时候一眼就能看到，以提升品牌的知名度。

• 巧用死角空间

——如果店铺形状不是很规整，难免会出现死角。这些死角位置可以放置一些海报展架或者图册展架，或是开辟出供儿童玩耍的游戏角落。

• 色彩的运用

——整体色调最好选择能够让人觉得舒适自然的颜色，不要过分追求鲜艳，但至少可以偏明亮一点，再根据所卖服装来调整，最好能够使服装和整体色调和谐。基础色调做得好，自然就能吸引消费者进店，从而提升销售效率。（图 3）

• 材料选择

——童装店建议选用绿色环保材料，如木材、混凝土、砖等，以营造健康、舒适、温馨的购物环境。

• 适当装饰

——一些墙纸的张贴能够与童装相互映衬，刚好配合所卖服装上的图案，但是装饰物不宜过多，否则会显得比较杂乱，对于本身面积较小的童装店来说更是不利。

2

3

陈列技巧

・货柜高度适中

比较高的货柜不利于孩子们触碰，尝试使用可以当凳子的货柜，不仅小孩子碰得到，还可以让大人和小孩休息的同时欣赏童装。

・货架尽量低矮

如今孩子们越来越有自己的主见，所以设计得矮一点，方便孩子们自己选择喜爱的商品。

・趣味陈列

尝试选用灵活有趣的陈列方式，如巧妙使用丝带、造型奇特的陈列架等，以此来吸引孩子们的注意力。（图4）

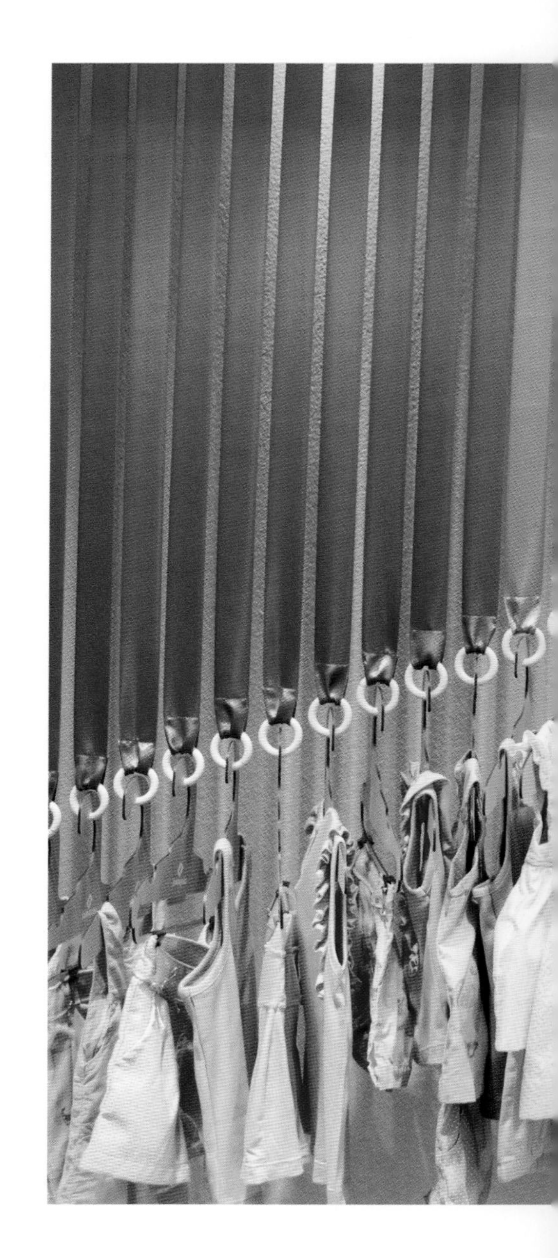

4

设计：NORMLESS 工作室

摄影：乔治・斯法基纳基斯（George Sfakianakis）

地点：希腊 埃尔莫波利斯

如何使狭长的空间更加丰满的同时保留历史特色

Terra 服饰店

设计观点

- 利用原有材料
- 模糊空间界限
- 灵活选用陈列结构

主要材料

- 大理石、铁、木材

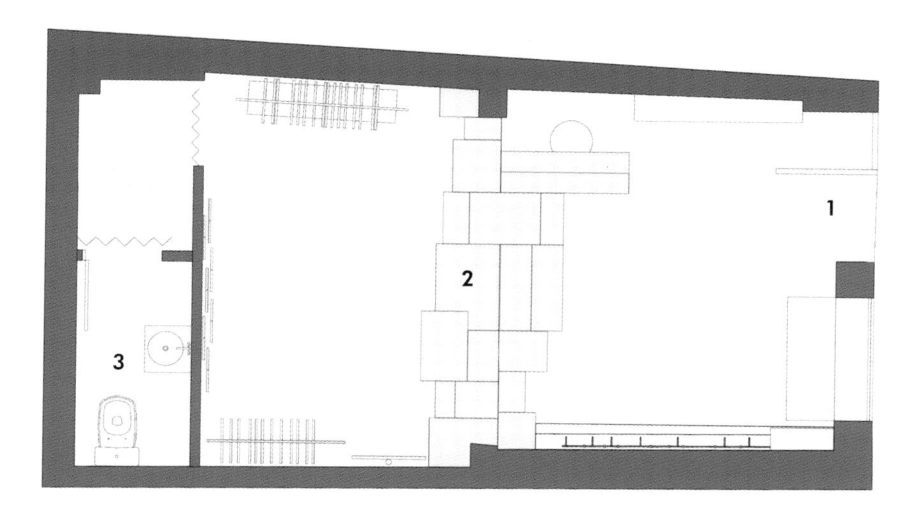

平面图

1. 入口
2. 台阶及陈列
3. 卫生间

TERRA

背景

Terra 在位于埃尔莫波利斯市中心一条繁华的商业街上开设了新店，选址在一栋建于 19 世纪建筑的底层。

设计理念

这一设计的主要理念是突出历史建筑特色，同时重新利用多年前已经废弃的建筑材料。主要任务是将狭小黑暗的小空间改造成亮丽温馨的服饰店。

原有的狭长空间带有一扇很小的陈列橱窗，可以远眺商业街的繁华景象。大理石立面和窗户上古老的铁艺栏杆被保留下来，手工制作的悬挂装置也被用作主要的设计元素。设计团队充分利用原有建筑的两层挑高——高达 5 米的后墙采用带有手工陈列装置图案的壁纸装饰，展现服装设计师的作品，并成为整个店铺的视觉焦点。多层木柜用作展示台，同时实现了两层空间之间的平稳过渡。

垂直和平行的陈列杆共同构筑了一个开放而简洁的零售氛围，与中性色调的空间一起为店内服饰创造完美展示背景。专门定制的铁框镜子别具特色。

原有建筑内包括两家店面，如今合二为一，阁楼被用作储藏室。原有灰泥墙面被清除，石材裸露出来，地面瓷砖被鱼骨纹木地板取代。设计团队专门选用大理石、金属和木材装饰空间。灯光至关重要，身兼双重功能——凸显商品，提亮空间。为此，金属灯管被安装在陈列橱窗之后，同时，店内布置了许多金属聚光灯。其中，黑色线形照明设备更是营造出简练的现代风格。木材、大理石和金属使建筑的古老特色更加突出，而现代元素的融入与其一起营造出一个和谐空间，将现代与过去完美联结起来。

A MORAR NO

设计：Kube 建筑设计事务所（Kube Arquitetura）

摄影：若奥·曼克奈斯（João Magnus）

地点：巴西 里约热内卢

如何打造一个可以聚会的时装店

Self+ 女装店

设计观点

- 传承品牌精髓
- 巧妙运用比喻诠释主要理念

主要材料

- 地面——水磨石
- 墙面——白色饰面带粉红色几何图形
- 天花——内嵌石膏板

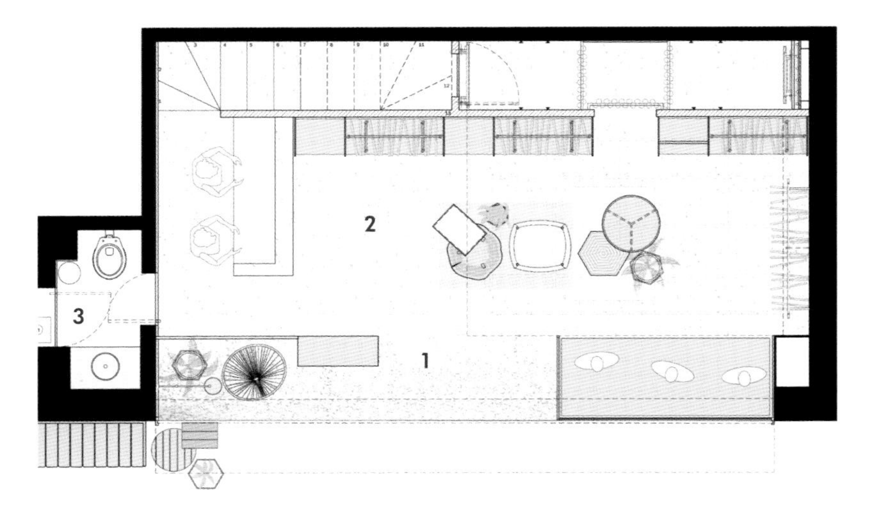

平面图

1. 入口
2. 售卖区
3. 卫生间

self+
A MORAR NA GENTE ENSINA A MORAR NO

外观

背景

这一女装店的主要客户群体为自信十足的知识女性，她们不怕质疑，敢于面对自己的缺点，并不断创新，善于发现新的事物，这些特质完全呈现在她们看待这个世界的方式之中。

设计理念

店铺设计以模块化的家具为基础，崇尚灵活概念，旨在适应商品变化，正如同品牌自身不断创新一般。

店面设计灵活，可以根据季节和特色产品而随时变化。其主要采用喷漆金属板打造，装饰元素可根据需求随时变化，突显不断创新的理念。

该品牌一直坚信每个女性顾客都具有多面性，并努力打造完美的自己。为此，设计师在墙面上采用不同颜色的几何图形用来隐喻、诠释品牌宗旨。

Self+ 希望通过服饰、装饰和艺术来诠释女性眼中的世界，因此对地面材质的选择旨在唤起美好回忆和感受。水磨石恰到好处地满足了这一需求，勾起童年记忆（或许她们在这里会想起祖父家的老房子）。这一材质同样运用到木质收银柜台上，营造了空间统一感。

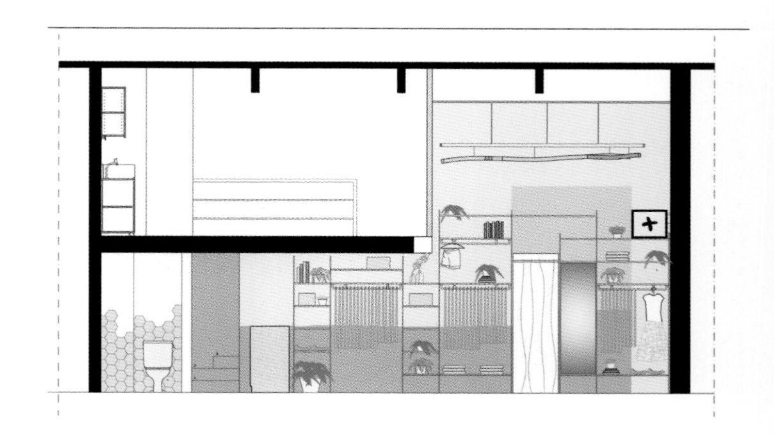

剖面图

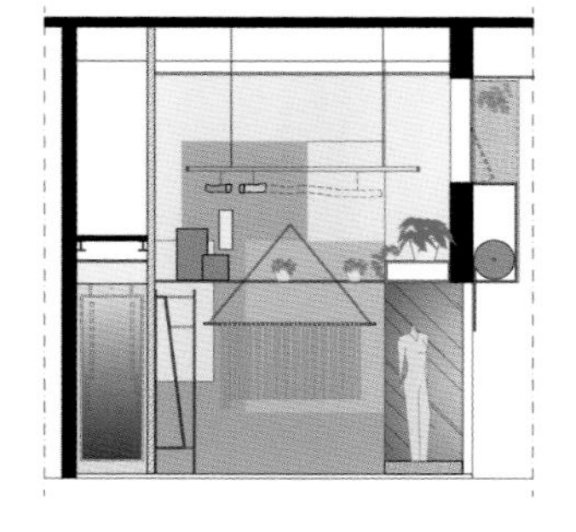

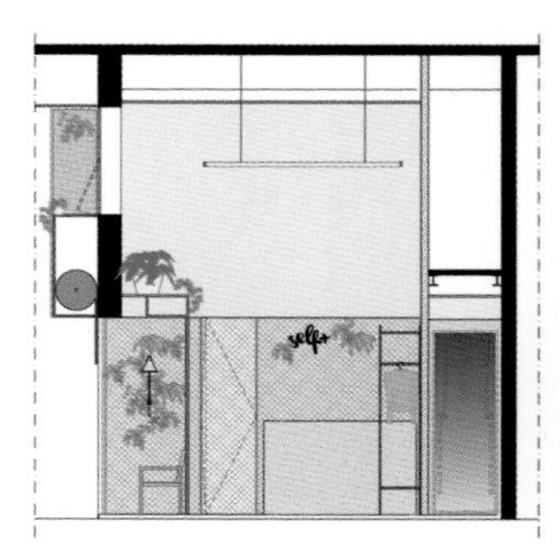

剖面图

A MORAR NO MUNDO

APRENDER

陈列架采用钢框和木板打造，可以根据产品而随时进行调整和移动。橱窗同样采用模块化设计，两块平台拼接在一起，可以随着高度变化变幻出多种组合样式。此外，三角形陈列架同样采用钢材打造，但使用绳索固定，用于创造平衡感。店铺中央的家具展示着店主旅行中淘来的小物件，同时这里也是一个灵活的陈列台——金属结构支撑着木材桌面和原始树桩结构放在一起，让整个空间更贴近自然。此外，天花上也镶嵌着金属框架，用作陈列结构。

品牌崇尚合作精神，因此这家店铺不仅仅是售卖服饰，更是一个聚会的场所，让人感受到家一般的温馨。店内前面空间一侧用于摆放模特，展示衣服，另一侧则采用金属网屏蔽起来，开辟出一处幽静空间，里面布置植物、椅子和书架，顾客可以一边看书一边等候朋友的到来。这一设计别具匠心，让顾客一进门便感受到温馨的气息。

设计：西尔维奥·吉罗拉莫工作室（Silvio Girolamo Studio）

摄影：朱赛白·曼兹（Giuseppe Manzi）

地点：意大利 普利亚区

如何通过巧妙运用色彩营造诱人的购物环境

MARYGIÒ 时尚女装店

设计观点

- 突出对比
- 中性氛围中嵌入个性元素

主要材料

- 木材、生铁

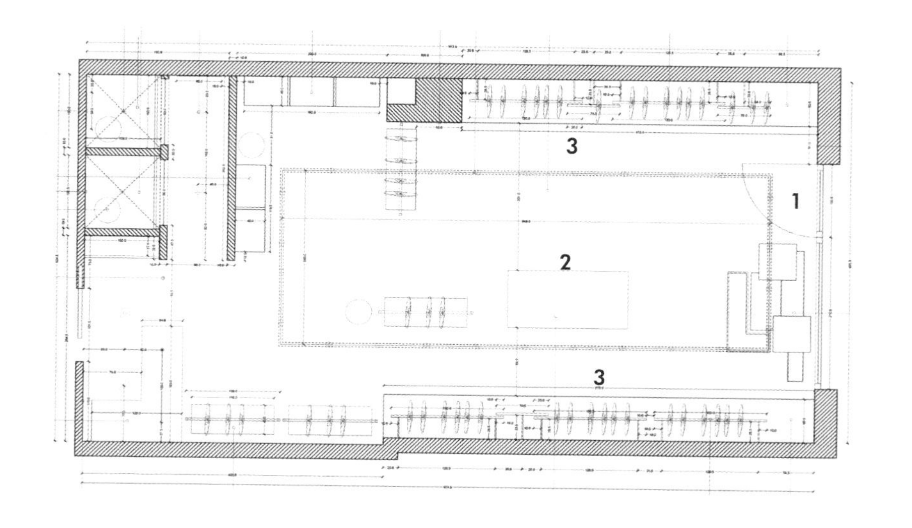

平面图

1. 入口
2. 陈列柜台
3. 陈列区

背景

Marygiò 是一家时装店，集合了多个趣味十足的品牌，以年轻、富于活力的女性为目标顾客。店铺位于毗邻普利亚区的马泰拉小镇，这里以旅游业著称。

设计理念

为与品牌所推崇的理念保持一致，店铺内部应以现代时尚风格为主，并以完美的姿态展现不同的商品。

色彩构成了空间氛围营造的重要元素。雾霾蓝和玛莎拉酒红色（Marsala red）反复运用，形成鲜明的对比，让人感觉耳目一新。这一设计更加大胆的方式为店铺成功地打造全新的零售环境。

店内空间呈简洁的直线型布局，以能够更清晰地陈列不同服饰。从天花上延展下来的衣架在墙壁上留下影子，与下面的低矮陈列柜相互呼应，增添了空间的趣味性。可移动的衣架结构灵活性十足，提供多种陈列可能性。

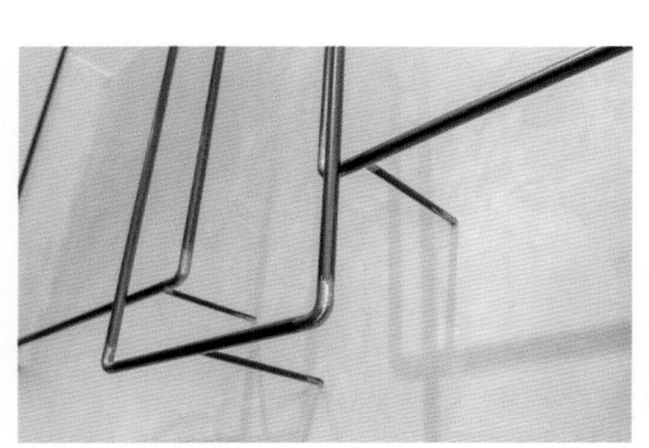

FLOWERS
FLOWERS

设计：西尔维奥·吉罗拉莫工作室（Silvio Girolamo Studio）

摄影：西蒙·博库齐（Simone Boccuzzi）

地点：意大利 巴里

如何营造居家般的购物环境

CLAUDE 女装店

设计观点

- 中性配色方案
- 现代风格材料

主要材料

- 大理石、涂漆铁、地毯

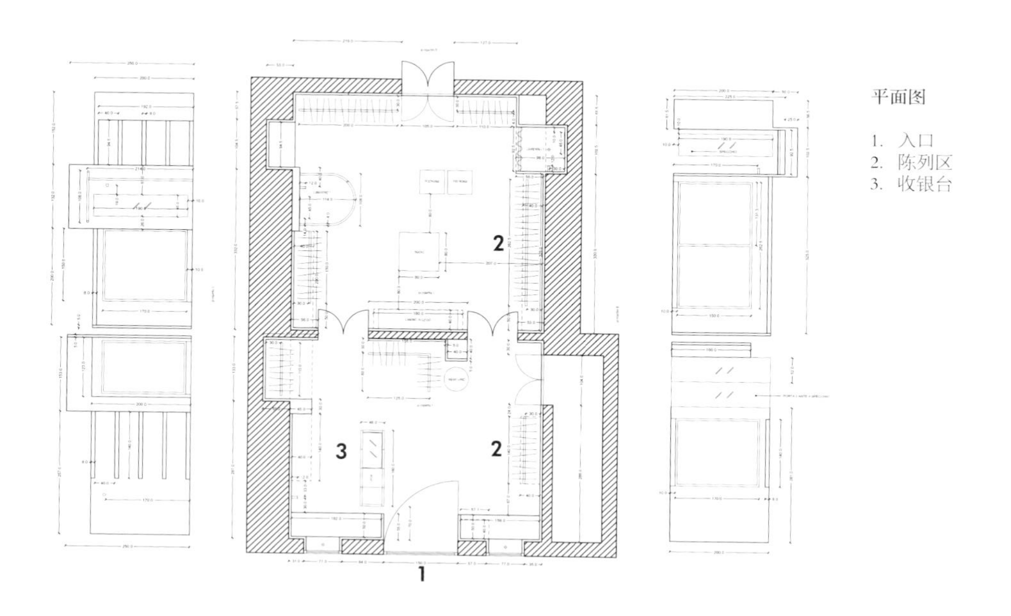

平面图

1. 入口
2. 陈列区
3. 收银台

背景

Claude 女装店选址在阿德里安小镇（Adelfia）一栋带有桶形屋顶结构的古老建筑内，店内空间呈现直线布局，由三个连续的小房间构成。

设计理念

整体设计旨在诠释店主的感觉与品位，突显店内服饰的同时，营造感性的购物体验。

这一设计实现了当下与过去、现代与传统、曲线与直线之间的完美对话。室内空间以简洁清晰的布局为主要特征，中性淡雅的色调营造出宁静祥和的整体氛围，而一抹亮丽的金色以对比的姿态出现，用现代的方式诠释古典特色。

模块化设计的非透明金色衣架格外简约，被放置在一个温馨的独立小空间内，让顾客在试穿的时候备感舒适与放松。专门定制的家具及装饰品赋予空间连续统一感，如大理石打造的桌子和收银台，其目的是在单调的购物体验中引入全新的感觉，如同置身于家中，或是走在柔软的地毯上，或是坐在壁炉前慢慢品尝一杯咖啡。

42

设计：红色 5 号工作室（Red 5 Studio）

摄影：陈光（Quang Trần）

地点：越南 胡志明市

如何打造独一无二的时装店

Nguyen Hoang Tu 时装旗舰店

设计观点

- 突出对比
- 中性氛围中嵌入个性元素

主要材料

- 混凝土、镜子、铁

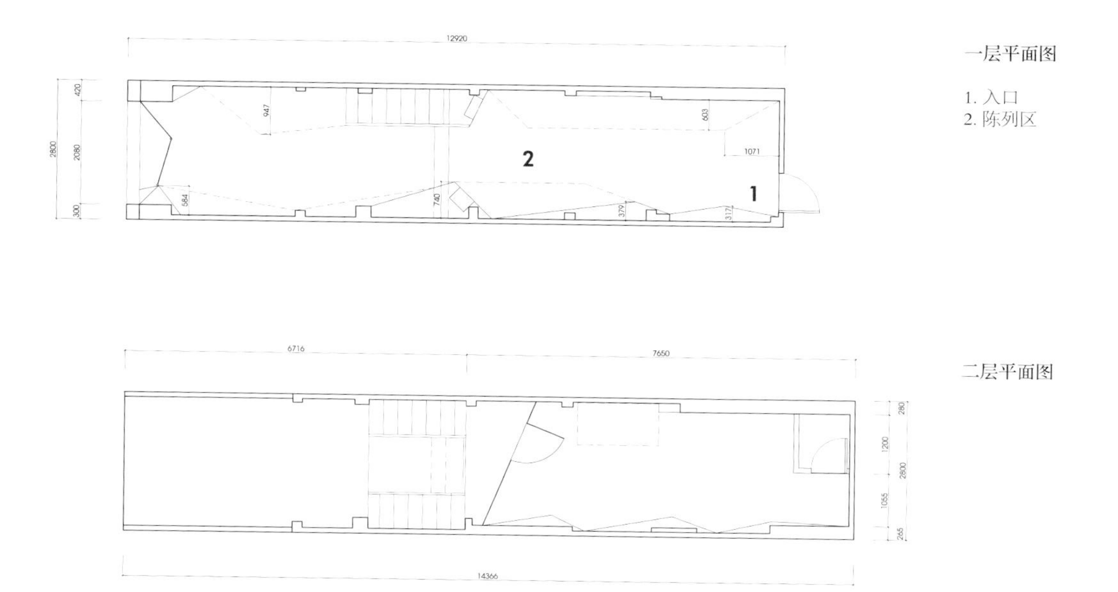

一层平面图

1. 入口
2. 陈列区

二层平面图

背景

Nguyen Hoang Tu 是一位年轻的时装设计师，他以独立艺术家自称——在国内外展示自己的作品。这家店铺致力于为女性服务，提供限量版概念产品，尊重丝绸的价值以及手工艺细节。

设计理念

这里曾经也是一家时装店，并经过了多次翻修。一层为 2.6 米 x15 米的狭长空间，夹层长 8 米。零散的空间，狭窄的楼梯，混合着砖和混凝土柱子，唯一的优点是具有纵深感。隔壁也是一家非常抢眼的时装店。设计师在仔细评估和勘查现场情况后，了解到这个项目需要付出很大的努力才能改变建筑外立面以及内部空间，以达到业主的要求。

立面图

“对比”是主要的设计手法。外观与周围店铺形成对比，室内空间与陈列服饰形成对比。店面呈现立方体造型，店门向内弯折，形成了倾斜角度，推开后一眼便看到当季推出的系列主打产品。原有单纯混凝土外观被拆除，看上去虽有一些凌乱，但依然不失简洁和美感。与市场上其他服饰店相比，显得更加独一无二。

室内空间设计依然遵循对比的原则：水泥、玻璃和灯光与立方体、锯齿形状结合使用，创造出令人印象深刻的展示空间。白色环氧树脂地板带来跑道的感觉。三片反光玻璃既有扩大空间的效果，又创造出虚拟空间的功能，让这里的一切都变得非常独特。夹层还故意保留部分旧天花和水泥结构……在这里，一切都以对比的形式出现。

设计：3r Ernesto Pereira 建筑工作室（3r Ernesto Pereira）

摄影：乔·莫尔加多（Joao Morgado）

地点：葡萄牙 孔迪镇

如何在五个星期内运用有限的预算满足客户的所有要求

绅士男装店

设计观点

- 建筑装置作为主要元素
- 可以拼接的空间理念

主要材料

- 木材

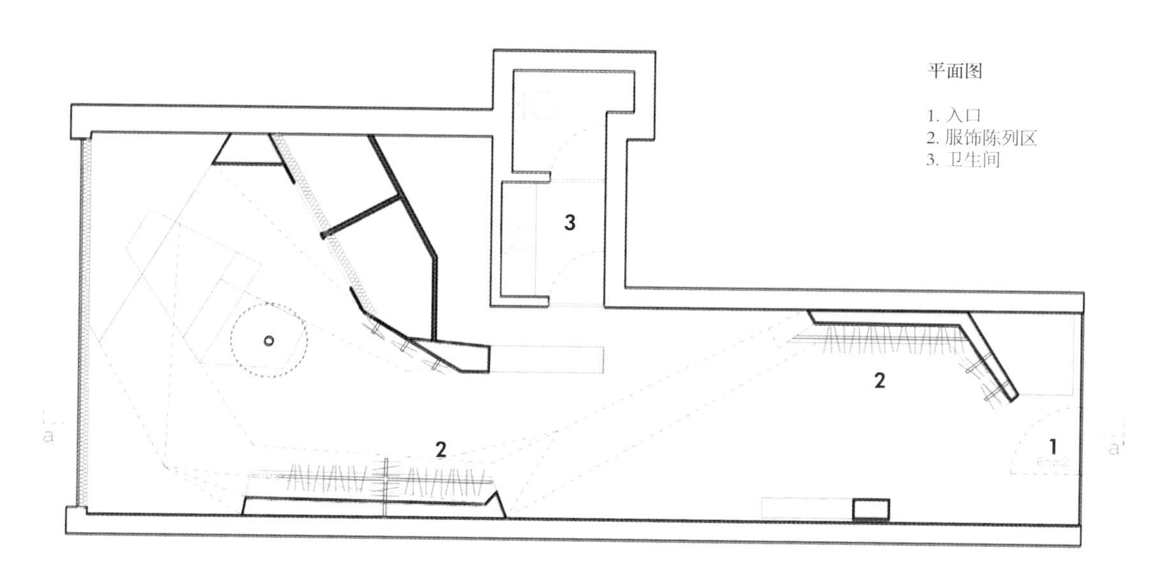

平面图

1. 入口
2. 服饰陈列区
3. 卫生间

背景

“我竟一时语塞了，这一设计完成，更确切地说是超出了我的预想”，店主 Daniela Fortunato（曾经是一名模特，如今是这家服装店的主人）在看到最终的结果时眼噙泪花地说。“正是她的这些话给了我们无尽的动力，同时也让我们备感骄傲”，设计师解释说：“这一项目的难点就在于其 6500 欧元的超低预算，并且距离服装店开业只有五周的时间。为此，我们将其命名为超超低预算项目。”

设计理念

设计师经过深思熟虑选用了一种让客户意想不到的方式，同时还能够快速实现，即打造“建筑装置”，满足现代商业空间需求。其如同雕塑一般，可以通过拼装而成，更为重要的一点是，其不需要粉饰、涂层或上色。

设计师首先要考虑的是即时性，也就是说满足能够快速实现的要求，其次才是空间物质性。最终，他们选用欧松板（OSB，定向刨花板），一种建筑领域较为常见的建材。

剖面图

Gentleman

这个设计以“雕塑”装置的实施为基础，其同时用于创造和划分空间，包括入口、服装陈列区、饰品陈列区、柜台、试衣间和休闲区域。其中，休闲区呈现与众不同的自然特色，散发着勃勃生机。装置中心区域规划出一个种植着橄榄树的小小花园，营造出更加休闲舒适的气息。最终的设计满足了价钱和期限的限制，效果却超过了预期。这一点也是让客户非常惊讶。

UNIVERSAL WORKS.
Universal
Works.

设计：穆特工作室（Studio MUTT）
摄影：穆特工作室（Studio MUTT）
地点：英国 伦敦

如何将服装设计方法转换成建筑设计手法

伯立克街 26 号

设计观点

- 以品牌精神为基础确立建筑方案
- 注重场地原有环境背景

主要材料

- 混凝土、木材

平面图

1. 入口
2. 陈列区

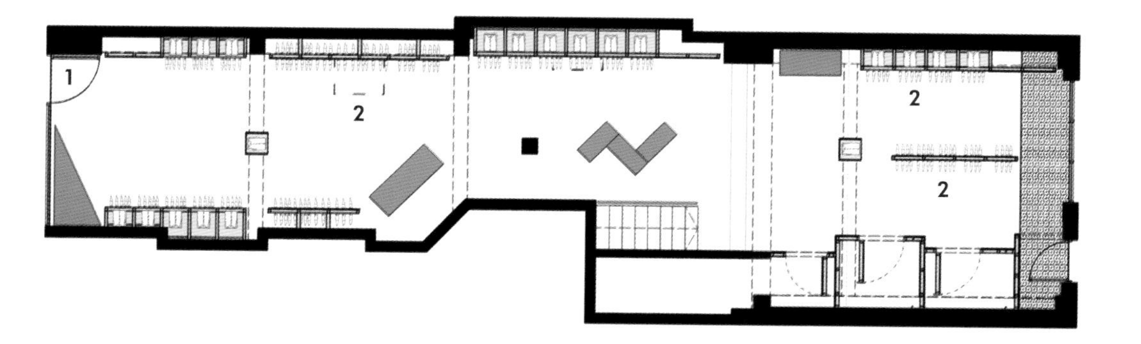

背景

穆特工作室与其客户 Universal Works 的交集始于一个寒冷的冬日。他们相约在伦敦一家酒店的酒吧内碰面，探讨“如何将服装设计方法转换成建筑设计手法”。作为该品牌的忠实顾客，他们对其有着充分的了解和极高的赞赏——其背景、核心工艺以及客户群体。随后，通过与品牌负责人的深度交流，他们开创了一个以品牌理念为核心的全新建筑方式。当然，伯立克街 26 号开启了他们的第一次成功合作，也为今后建立的深厚友谊建立了良好的开端。

外观立面图

设计理念

伯立克街 26 号与该品牌其他店铺有些许的不同，拥有自己的风格和特色。当然，这取决于其独特的位置与形式。为应对独特的背景环境，设计师必须构筑创新的解决办法。

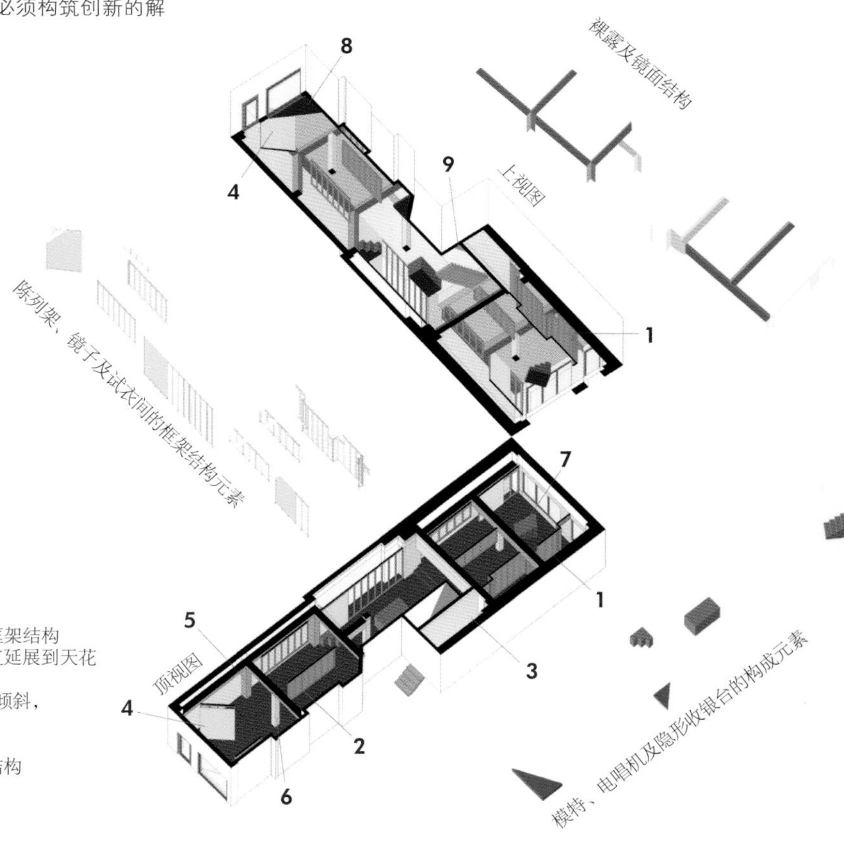

分解透视图

1. 构成更衣室和储藏室的框架结构
2. 镜子饰面的框架结构一直延展到天花
3. 储藏室
4. 入口处框架结构呈 45 度倾斜，构成了一定的次序感
5. 裸露在外的空间结构
6. 全新的镜子饰面的框架结构
7. 木板层压构成基座结构
8. 绿色中纤板基座结构
9. 喷漆台阶

设计师在材料选用上打破成规，既遵循店铺原有环境，又突出创新，营造出了令人意想不到的效果。

设计师恢复了原有的混凝土结构（此前或是被拆除，或是被遮盖），在入口处打造了一面生机勃勃的绿墙，让人不禁想到以早前的磨坊和工厂为原型的 Universal Works 品牌形象。

店内选用了大幅镜面，并安装在木质框架结构上，在视觉上扩大空间面积并营造出全新的视线。

镜面结构细节图

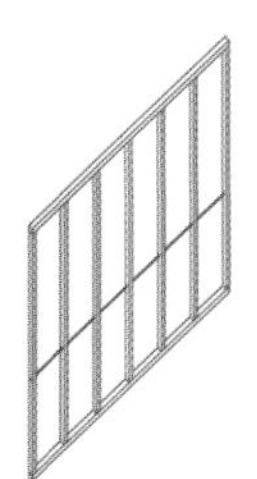

木框架类型 1

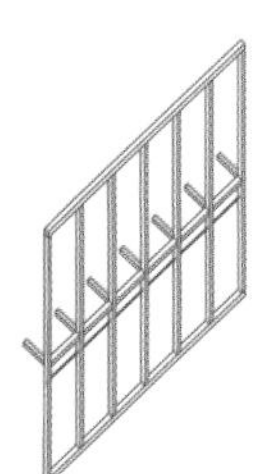

木框架类型 2

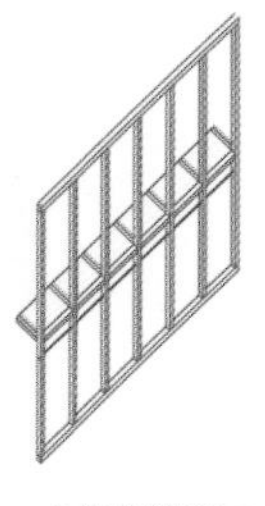

木框架类型 3

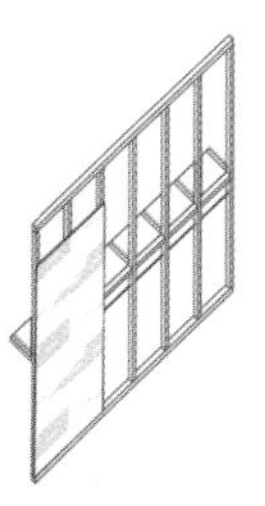

木框架类型 4

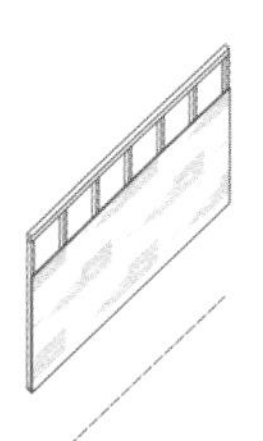

木框架类型 5

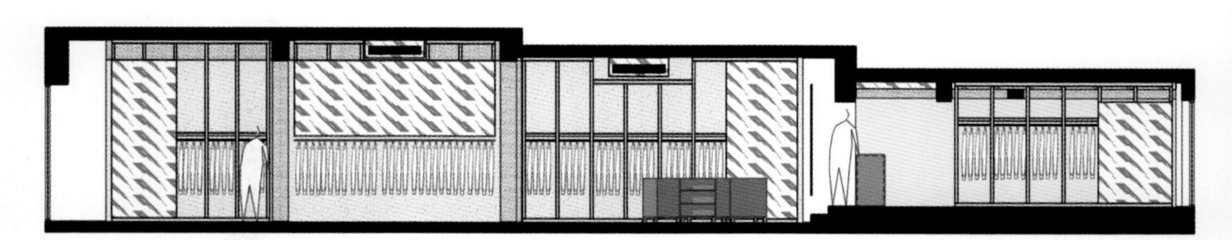

剖面图

U
W.

U
W.

原有的砌体墙壁结构被拆除，并使用绿色机械加工板材打造成了试衣间。

设计：保罗·梅里建筑师事务所（Paulo Merlini arquitectos）
摄影：费尔南多·格拉（FG+SG）
地点：葡萄牙 波尔图

如何以创新的方式运用衣架营造教堂般的空间效果

怀特先生和夫人的店

设计观点

- 让被忽略的元素重回舞台
- 运用 1000 多个衣架

主要材料

- 水泥（地面）、板材（陈列结构）

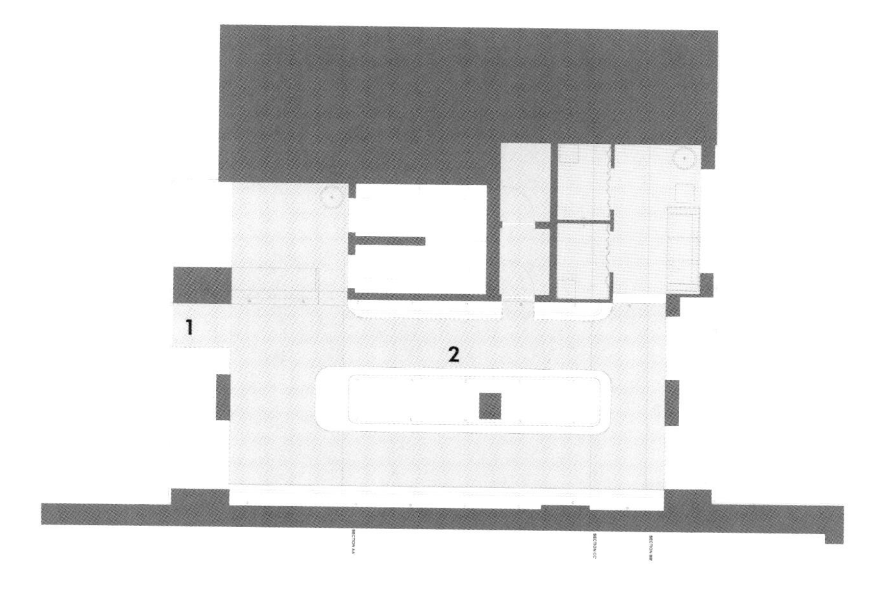

平面图

1. 入口
2. 陈列区

背景

任何一件物品的产生都经过不同构思的淬炼而成，想法之间联系越密切，产品也会更美好。但是，有时强大的功能性却无情掩盖了其自身的美学功能。在工作时，我们都热衷于好的概念，重拾那些被忽略的物件或元素，也许我们会更深刻地理解美学的价值。

设计理念

设计师不断进行探索，旨在找到一种物件既能营造迷人的空间环境，又能明确体现空间功能。最终，他们找到了——衣架。

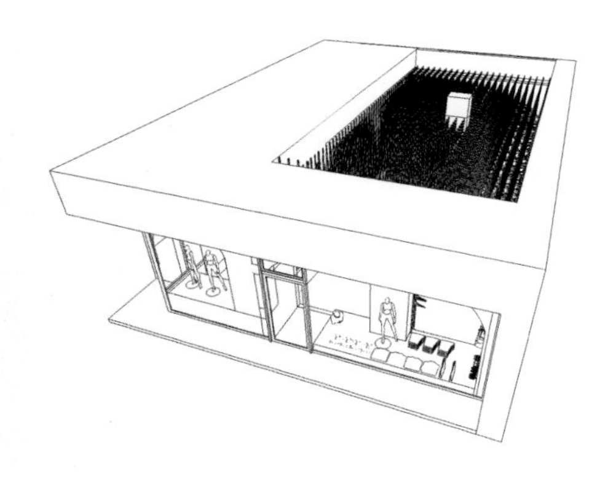

轴测图

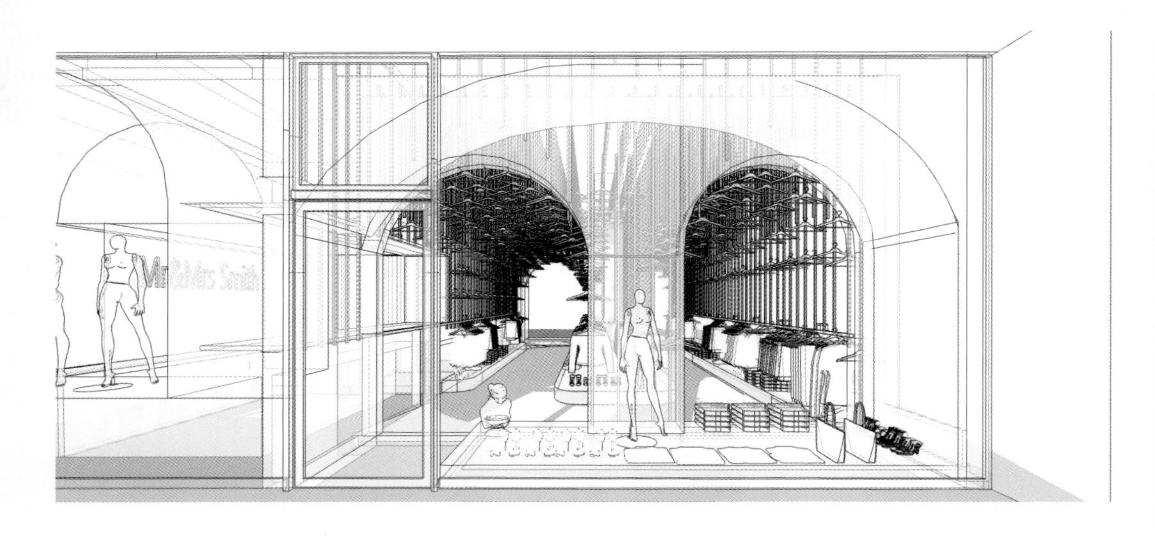

店内布满了 1000 多个衣架，其内在的美感赋予空间别样的氛围。从上面看下去，犹如一幅高清屏幕，400 个像素点（商品）均匀分布在 80 平方米的空间内。在服装店设计中，衣架是最不值得一提的元素，强大的功能性往往让其只能承担配角。换句话说，正是因为功能上的成功而恰恰掩盖了美学的价值，是自身成功的受害者。

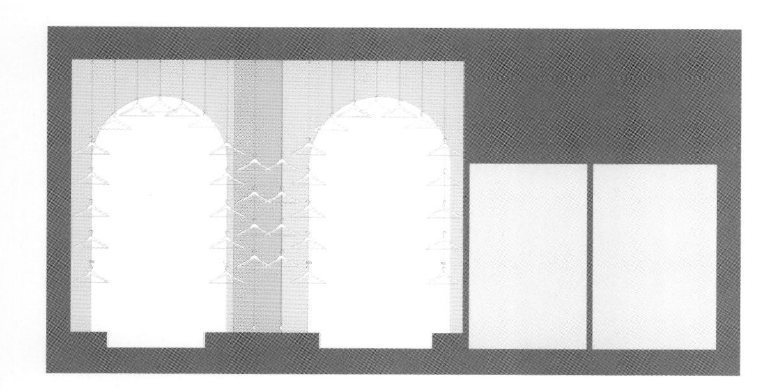

剖面图

设计师使用丝线将衣架联结，让其从天花上悬垂下来，使其具有更高的可识别性，同时也能够更规整地陈列商品。

与此同时，他们研究了不同的空间形式，最终发现“教堂正殿”的造型最具力量感，能够体现尊严与价值，并能让来访者自动陷入沉思模式。

顾客走进店内，便沉浸在“正殿”营造的威严之中，而衣服自身的重力让丝线得到进一步拉伸，使其似乎可以触手可及，这一切都格外引人注目。

店内最初的空旷空间不仅仅给“正殿”造型提供了舞台，也让光线得到充分发挥——等距排列的射灯赋予空间独特的韵律，同时照射在丝线上反射的白光也别具特色。

客户要求打造一个低饱和度的空间，以此来突出店内的服饰。另外一个独特之处就是他们可以随意来陈列店内商品。

naze naze

设计：恺慕建筑设计咨询（上海）有限公司

摄影：德克·韦布伦

地点：中国 上海

如何在零售空间内通过设计传承品牌理念

klee klee 品牌首发零售店

设计观点

- 追求简约与功能
- 寻求自然灵感

主要材料

- 钢材、木材

平面图

1. 入口
2. 陈列橱窗
3. 茶叶区
4. 服饰展厅
5. 试衣间
6. 饮茶区
7. 收银台
8. 存储区

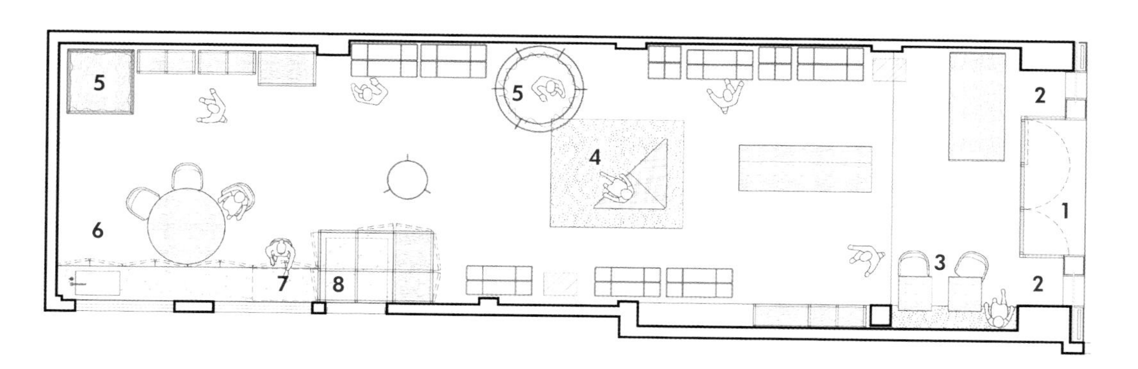

背景

klee klee，是潮流服装素然（ZUCZUG）旗下的新品牌，取名源自藏族口语，意为“慢慢来”。虽然主牌已颇受大众喜爱，但 klee klee 则更佳偏重对极简主义的探索，坚持环保制作、绿色永续的品牌理念。坚持不懈地探索自然与人平等相处、相互尊重的生活方式。

设计理念

当受品牌之托来设计第一家 klee klee 品牌店时，建筑师首先想到的是，klee klee 会吸引什么样的人？这些人会尊崇什么样的价值取向？他们的生活方式又会是怎样的呢？在反复推敲后，最终呈现出一个精准反映 klee klee 生活理念的概念空间。

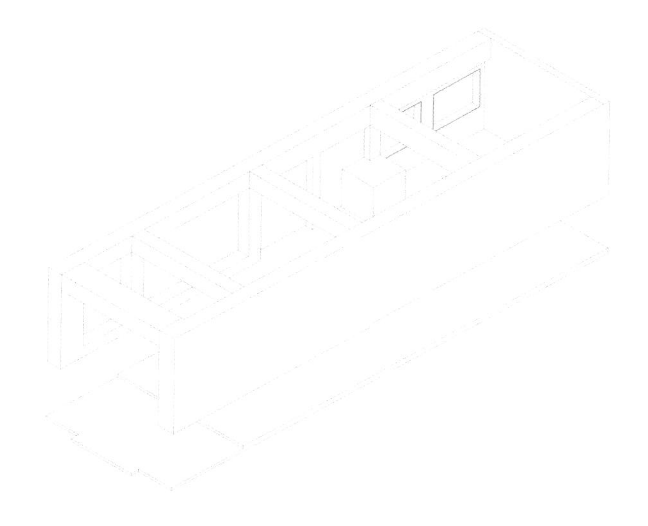

示意图

以青藏高原和大自然为灵感的同时，ZUCZUG 和 klee klee 仍以自己特有的方式诠释当代风格与精致裁剪。klee klee 的空间也虔诚地承载了品牌的文化。

店内陈列的服装和配饰简单别致，与白色主调的空间相得益彰。白色裸露的空间完美呈现出不完美的质感。LED 灯带强调了空间的深度，在视觉上也引导顾客步入店铺深处，在底部的休息区，自然光透过窗户照射进来，顾客可以坐在这里一边喝茶小憩，一边试衣聊天。

家具的设计以中国建筑工人常用的搭建工具为灵感，秉承了简单和功能性。家具的陈设也刻意地留白，避免过分的充盈，使得设计能够适宜地优化空间，满足实际需求的同时，在都市的低调和自然的丰盛之间营造微妙的平衡。钢制衣架采用最为简单的结构，被剥离而成极简的线条形式。

Gasparina
Gasparina

设计：Huuun® 设计事务所

摄影：保·百里杜（Pau Bellido）

地点：西班牙 卡斯特罗

如何将时装品牌精神传递到店铺设计中

Gasparina 女装店

设计观点

- 在简约风格中注重细节
- 营造舒适感

主要材料

- 地面——木纹陶瓷砖（Living Ceramics 提供）
- 照明——电源轨道射灯（BPM 照明提供）
- 店面装饰及家具——krion k-life 人造石材（Porcelanosa m 提供）、铜结构及桌子（Fusteria Mira 提供）
- 试衣间及仓库窗帘——灰色天鹅绒织物

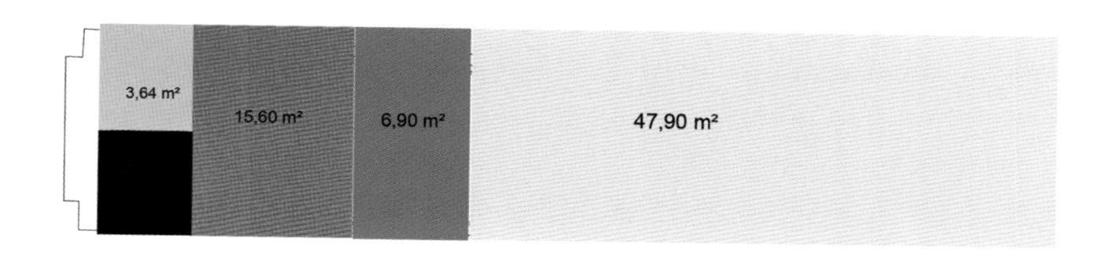

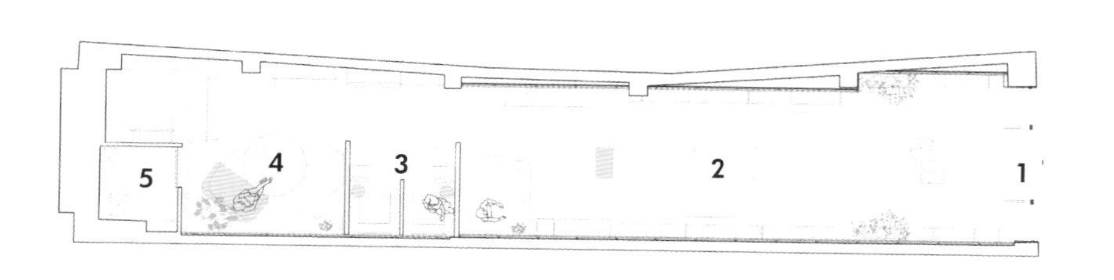

平面图

1. 入口
2. 陈列区
3. 试衣间
4. 贵宾室
5. 卫生间

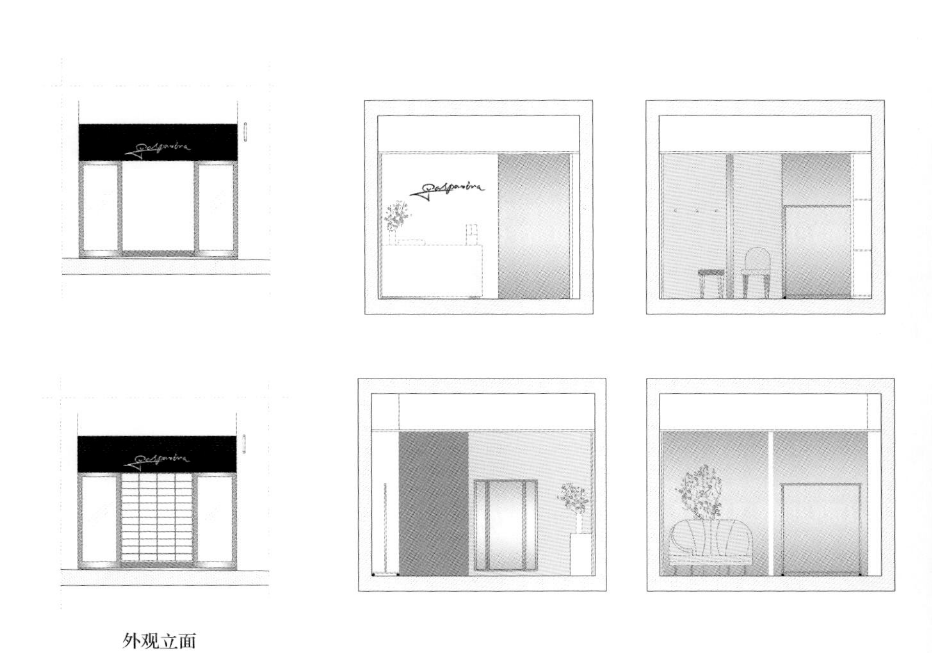

外观立面

横向剖面图

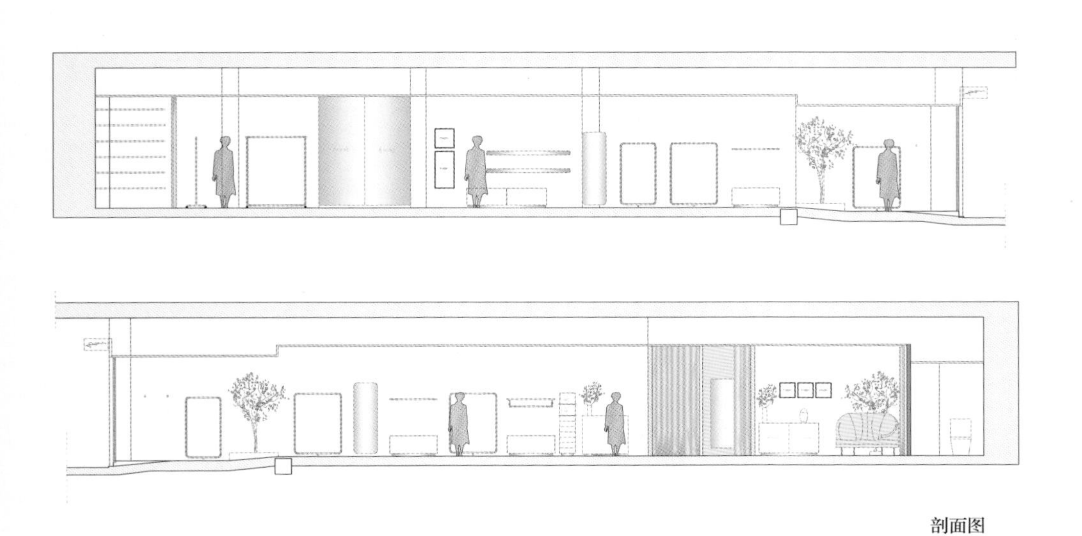

剖面图

背景

这一设计的主要目标是在传递品牌精神的同时，打造一个女性化气息十足的购物氛围。设计团队与品牌员工合作，打造了极简风格的主体空间，但在其中注入不同的小细节，如粉色、金色及灰色装饰，让整体看起来更加时尚、现代。

设计理念

最初的设计理念是如何通过打造特色店面和透明结构来吸引过路行人（事实上这里并没有门或橱窗阻碍视线），而室内灯光也可以作为特色元素（不仅仅用作产品照明）来进一步“诱惑”路人走进店内。

由于店铺内部是一个纯正的矩形空间，因此另一主要的设计意图是通过选择适当的家具和色彩来减轻规整形态带来的视觉单调性。

店面采用完全开放式设计，店内划分了两个销售区域，入口右侧的休闲服饰区略为开放，而里面的礼服区则稍显私密。白色的墙壁使衣架和陈列台更加突出。玫瑰金色弧形陈列架放置在入口，营造出十足的女性气息，而其弯曲的线条设计则是对女性身体的致敬。对于任何一个室内空间设计类项目而言，直接照明和定点照明都是重中之重。在这一案例中，设计师巧妙选用电源轨道，让家具和陈列品从空间中脱颖而出。收银台和陈列柜完全采用 Krion K-Life（白色人造石材，由 Porcelanosa 集团生产）打造，其不仅没有接缝，外观美丽，更具有光照调节装置，可以优化照在表面的任何光源（自然光或人造光）。此外，其还具有自洁功能，能够去除化学物质，从而达到净化空气的作用。

家具全部是定制的，两个玻璃陈列桌摆放在中央，与墙壁上的陈列结构相得益彰，既能用于展示手包、鞋子、饰品，也能促进产品的销售。

对于品牌本身来说，让客户感到舒适是至关重要的，因此试衣间被放到中心位置（邻近礼服区），表面采用玫瑰色装饰，而天鹅绒织物和灰色羊毛地毯的选用则更突出了舒适度。

设计：CLAP 工作室（CLAP studio ）

摄影：丹尼尔・鲁达

地点：西班牙 巴塞罗那

如何设计一个多样化的店铺空间以满足举办不同活动的需求

苏拉服装店

设计观点

- 运用可移动家具
- 选用木质墙面

主要材料

- 欧松板（家具和墙壁）、黑色电动喷漆网（家具、柜子和墙壁）

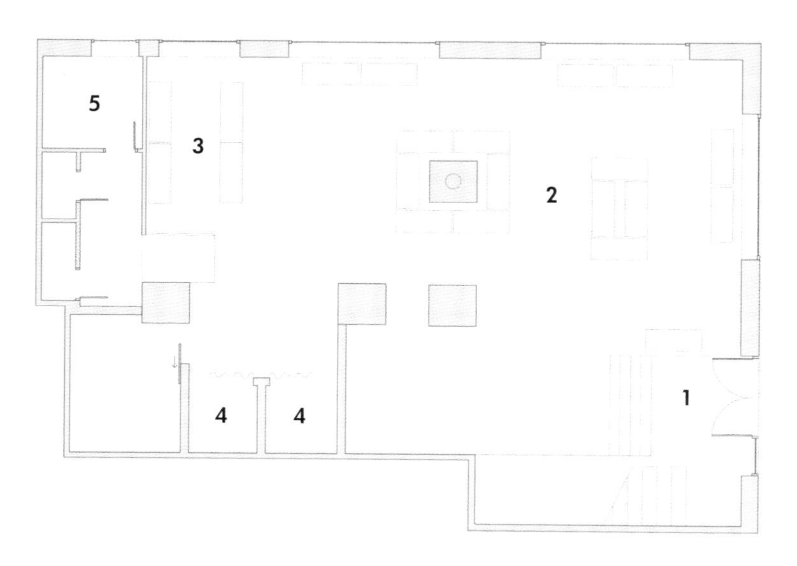

平面图

1. 入口
2. 储藏室
3. 收银台
4. 试衣间
5. 卫生间

Suara
AND CATS!
CONECTADA
PROSEGUR

背景

苏拉（Suara）是一个音乐品牌，也是一个猫咪基金会，2013 年其决定拓宽产品领域——创建自己的服饰生产线。三年之后，他们在巴塞罗那附近巴恩区（Born）设立第一家店，售卖服饰产品的同时，还举办多种室内活动。

设计理念

在和客户碰面无数次之后，设计师总结出了主要的设计元素，即多样性和与猫咪相关的设计。

设计师与品牌商密切合作，确保店内的每一件物品或每一个元素都是完全可移动的。这一方式源自品牌的独有理念，同时允许店主可以根据需求重新使用空间。

EL CARRER?
ADOPTA!

设计师负责店内所有家具的制作，墙壁采用钻孔欧松板打造，金属货架可以悬挂在上面。此外，墙壁设计方便根据需求改变产品陈列种类及方式。家具安装了轮子，可以自由移动，为店内举办各种活动（如大师讲堂、展览或聚会等）提供了便利。黑色电焊金属网结构展现出极具活力的美感，带有猫咪图案的欧松板陈列柜特色十足，两者完美地诠释了品牌的独特理念。

小 面 积 服 装 店 设 计 技 巧

店内空间布局

• 陈列空间布置

陈列空间在一定程度上可以体现整个服装店的美感。每个店面积不同、形态不同，因此布局也无统一标准。但总体来说，有三个空间是不变的，即柜台、橱窗和货架。柜台要放在最显眼的位置，以便于店主（店员）可以一眼看全整个空间。橱窗一定要布置在入口的两侧，同时陈列最能吸引顾客的服装。货架一般选择放在隐蔽的地方或者直接用柜子代替。

• 通道空间布局

通道设计是否科学直接影响顾客的合理流动。小面积服饰店中，通道设计多采用直线式、斜线式或自由滚动式。直线式构成曲径通道；斜线式方便顾客随意浏览；自由滚动式是根据商品和设备特点而形成不同组合，或独立、或聚合，比较灵活。（图 1）

空间表面处理

• 天花

天花设计要考虑材料、高度、颜色及灯光等因素。在小面积服装店中，尤其注意高度，如果很低会把空间压得更小，并给人一种压迫感。材料选择应注重质感和风格，同时辅以清新淡雅的色彩，这样会增加空间的活力。女士服装店多采用简洁的颜色，而男士服饰店多以原色或较淡的色彩为宜。

• 墙壁

尽量避开纯白色，以避免过于单调，可以尝试淡色，但一定要与服装整体风格以及天花统一。小面积服装店中的法宝就是镜子，在墙壁上挂上一面镜子，可以使整体空间在视觉上扩大一倍。

此外，也可以在壁面上安装陈列架，用于展示商品。

1

• 地面

地面选择要考虑材质和图案，确保质感和质量两个方面。如果是女士服装店，可以在地面上采用圆形、椭圆形等曲线图案，以表现出柔美质感；如果是男士服装店，可以使用正方形、矩形等直线图图案，以表现阳刚之气。（图2）

陈列技巧

• 货架货柜

货架货柜主要体现在材料和形状上。在国外有使用玻璃钢取代木材和金属，用有机玻璃取代玻璃的趋势，突显现代感。尝试使用三角形、梯形、半圆形等货柜货架，以改变呆板、单调的形象，增添活泼性。

• 陈列方式

产品的陈列最好集中化，单一产品的集中陈列和促销主题化陈列等方式能够引起顾客的注意，并在心理增强购买欲望。（图3）

3

色彩与灯光

灯光和色彩搭配也是非常重要的，好的色彩和灯光可以提升衣服的质感，让衣服看起来更加的高档，但是色彩一定避免五颜六色，简约一点突出服装店的时尚感最好，而灯光则最好选择比较温馨的。（图4、图5）

4

小细节

1. 店面的色彩要统一，服装和空间色彩要和谐地融为一体。

2. 店里的灯光起着关键的作用，同样一件衣服用灯光和不用灯光出来的展示效果完全不同，特别是由模特进行这些单件展示的，一定要用射灯进行烘托。灯光的颜色也要适当，蓝色光给人冰凉、冷酷、迷幻的感觉，适合夏装；黄色光给人温暖的感觉，适合冬装。

3. 试衣间很重要，顾客做出买衣服的决定大多是在试衣间里，但很多店铺没有试衣间或者试衣间非常简陋，这都会影响客户的最终购买。

4. 货架摆放之间要留出行走空间。

5. 用一些便于收纳的凳子，既可供顾客休息，又不会占太大地方。

SHOES & BAGS SHOPS

鞋包店

J. HARDEN
Michael Jordan

设计：约书亚·弗洛尔坎建筑事务所（Joshua Florquin Architecture）

摄影：马缇奥·罗西（Matteo Rossi）

地点：比利时 布鲁塞尔

如何打造动态的动线并完美展现每一件商品

Lockerroom 运动鞋店

设计观点

- 定制多样化的结构
- 打造简洁背景

主要材料

- 地面——灰色抛光混凝土
- 墙面——10cm × 10cm 白色瓷砖，白色接缝
- 天花——2mm 厚黄铜
- 壁龛、陈列台、长凳——橡木板

平面图

1. 入口
2. 橱窗陈列
3. 收银台
4. 墙壁陈列
5. 陈列区

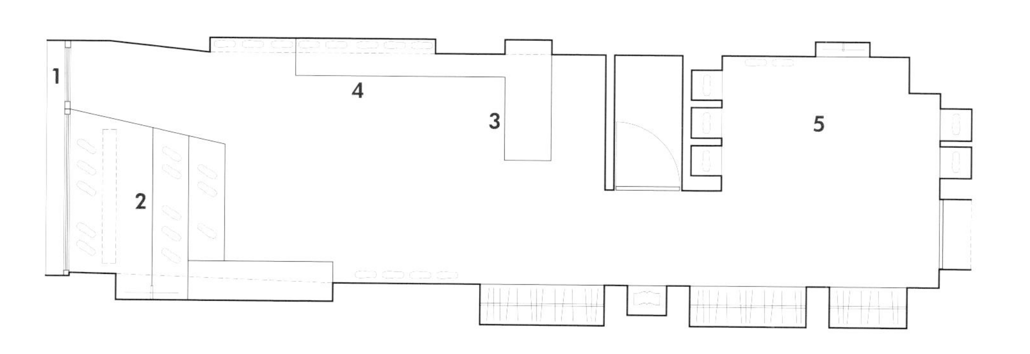

LOCKER ROOM

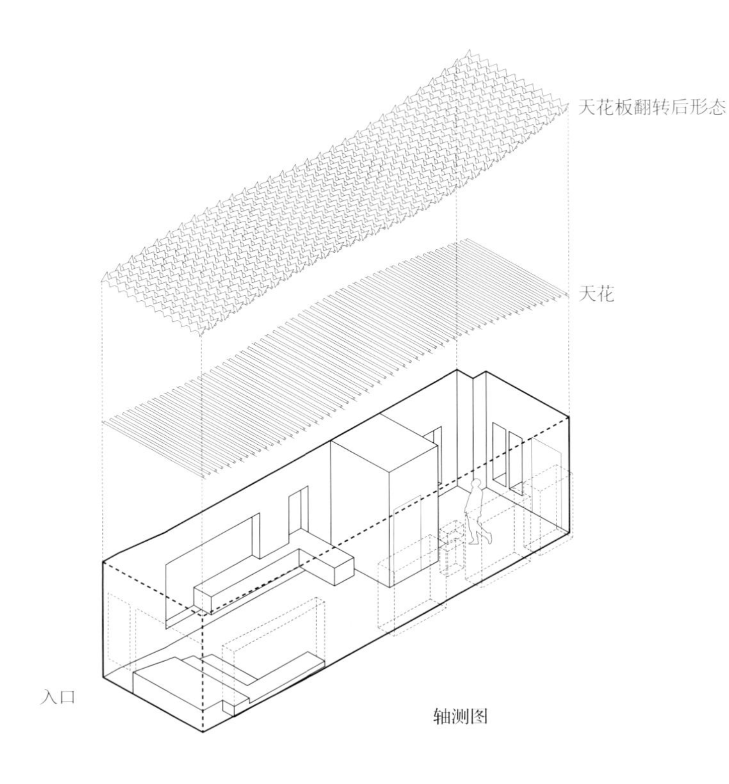

轴测图

背景

Lockerroom 是一家时尚运动生活店，主要销售产品是篮球鞋。其位于布鲁塞尔中心区市场附近一栋艺术装饰风格的建筑内，内部呈现椭圆形，仅有一扇窗户，朝向 rue du Lombard 购物街。店主皮耶特・保韦尔斯（Pieter Pauwels）要求打造一个高端独特的店铺形象。

设计理念

简约清晰的线条和黄铜天花构成了店内空间的主要特色，在视觉上实现统一感。壁龛与展台打造了一个动态的空间动线，旨在让每一双鞋都能得到更好地展示。

"About two years before the XIII came out, my friends started calling me
"Black Cat." They felt I was like a panther. I would sneak up on people and
attack before they could react. It was one of those things Tinker picked up
from my world. I loved it.
I thought it was a great example on the way I played the game."
Michael Jordan
J. HARDEN
M. JORDAN
K. BRYANT

储物间位于店铺中央，采用全木材质打造，将整个空间分成两部分——包括展示台和收银台的前店空间和用于陈列更多商品的后店空间。其中，展台十分抢眼，从街道处就可望见，可供顾客试鞋时坐下来。白色瓷砖墙壁不断延展，最后形成了一个悬浮的并带有店铺标识的收银台。

白色瓷砖与集成在天花板后面的照明相结合，通过反射形成了有趣的光影效果。木质壁龛与粗糙的灰色混凝土地面相得益彰。

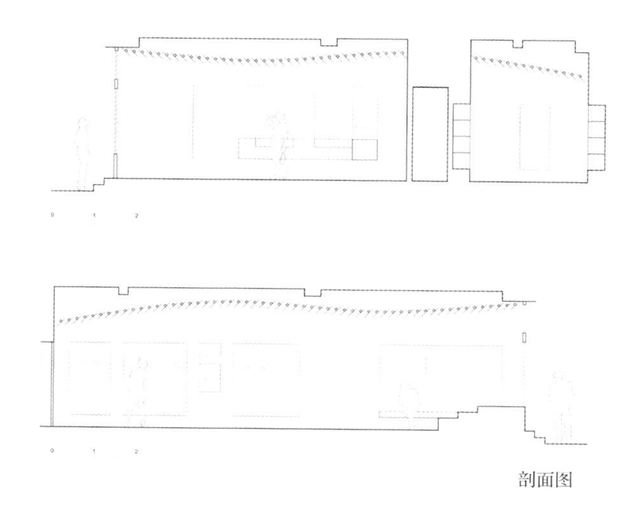

剖面图

天花采用倾斜黄铜板构成，呈现波浪造型，引导着顾客在店内走动。总之，整体独特的设计让店铺本身俨然成了这条街道上的地标。

LINE

设计：Counterfeit 设计工作室（Counterfeit Studio）

摄影：French + Tye 摄影工作室

地点：法国 巴黎

如何为品牌未来发展树立一个全新而精致的基调

Foot Patrol 巴黎店

设计观点

- 延续使用品牌特有的标志性元素
- 建立品牌在不同地点的店面之间的联系

主要材料

- 家具——玻璃钢
- 地面和墙壁——微细水泥
- 天花——镀锌钢板
- 标识牌——镀铬装饰和霓虹灯

平面图

1. 入口
2. 陈列区
3. 收银台
4. 卫生间

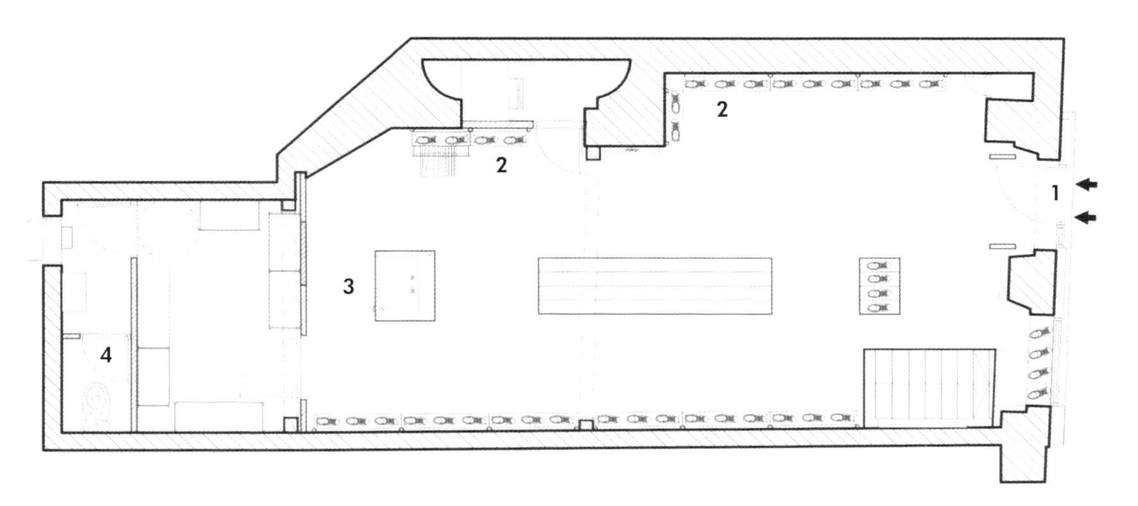

背景

Foot Patrol 新店选址在巴黎最时髦的玛黑区（Le Marais），是其在伦敦 SOHO 店之后第一次尝试选址在购物区。

设计理念

客户要求设计师创建一种全新的设计语言，以能够更好地提升品牌的美学，恰当诠释更优质的产品。与此同时，应延续其伦敦店——作为英国知名运动鞋店——中已有的特色元素。

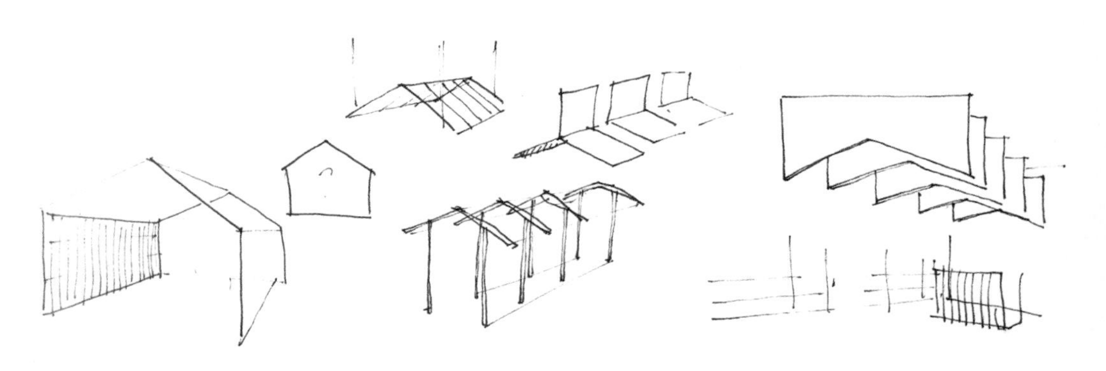

草图

巴黎店依然选用黑色店面，经典并引人注目，让人不禁窥向室内——一个整洁、现代、简约的运动鞋售卖空间。

店内色彩搭配以简洁为主，材料运用遵循同一理念并延续伦敦店的主题。混凝土墙壁和地面工业风十足，与早前的巴黎风石头墙形成鲜明对比；常用于室外消防通道的玻璃钢被用来打造超大的长凳、展示台、陈列架和收银台。不同的几何图案造型为空间的主角——商品打造了完美背景。

为与伦敦店建立关联，设计师选用了“负空间”理念，打造了体积相同的“棚屋”结构。天花上悬垂下来的镀锌钢板参考伦敦店特有的斜屋顶造型，而其经后侧镜子墙的反射在视觉上拉长了空间的纵深，让人不禁将目光停留在店铺后面区域的主体元素上——防毒面罩造型的品牌标识结构。

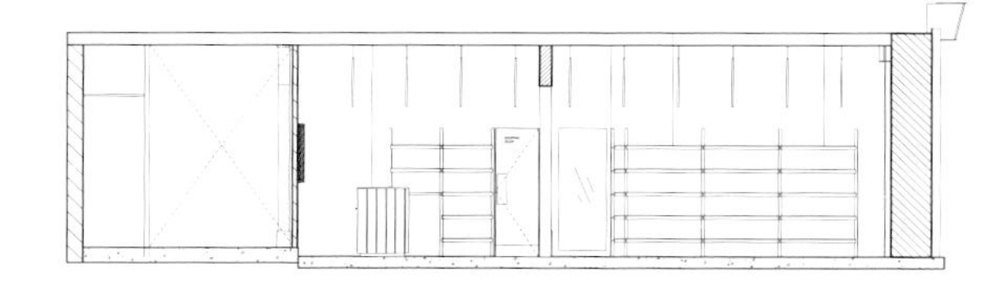

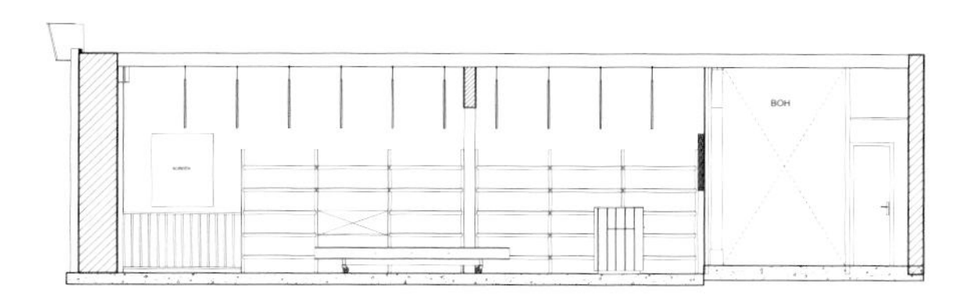

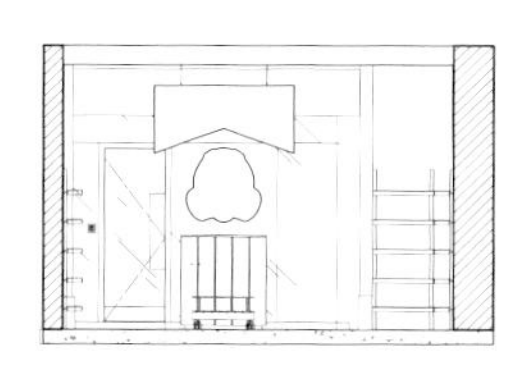

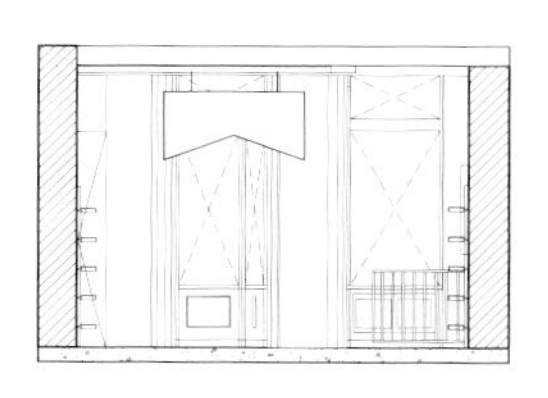

剖面图

立面图

店铺标识采用简洁的白色霓虹灯重新打造。设计师专门将其“镶嵌”异型镜子内，提升表现力的同时，也增添了视觉纵深感，给进店的顾客带来较为强烈的视觉影响。霓虹标识放置在收银台的后侧，俨然成为店铺的焦点元素。

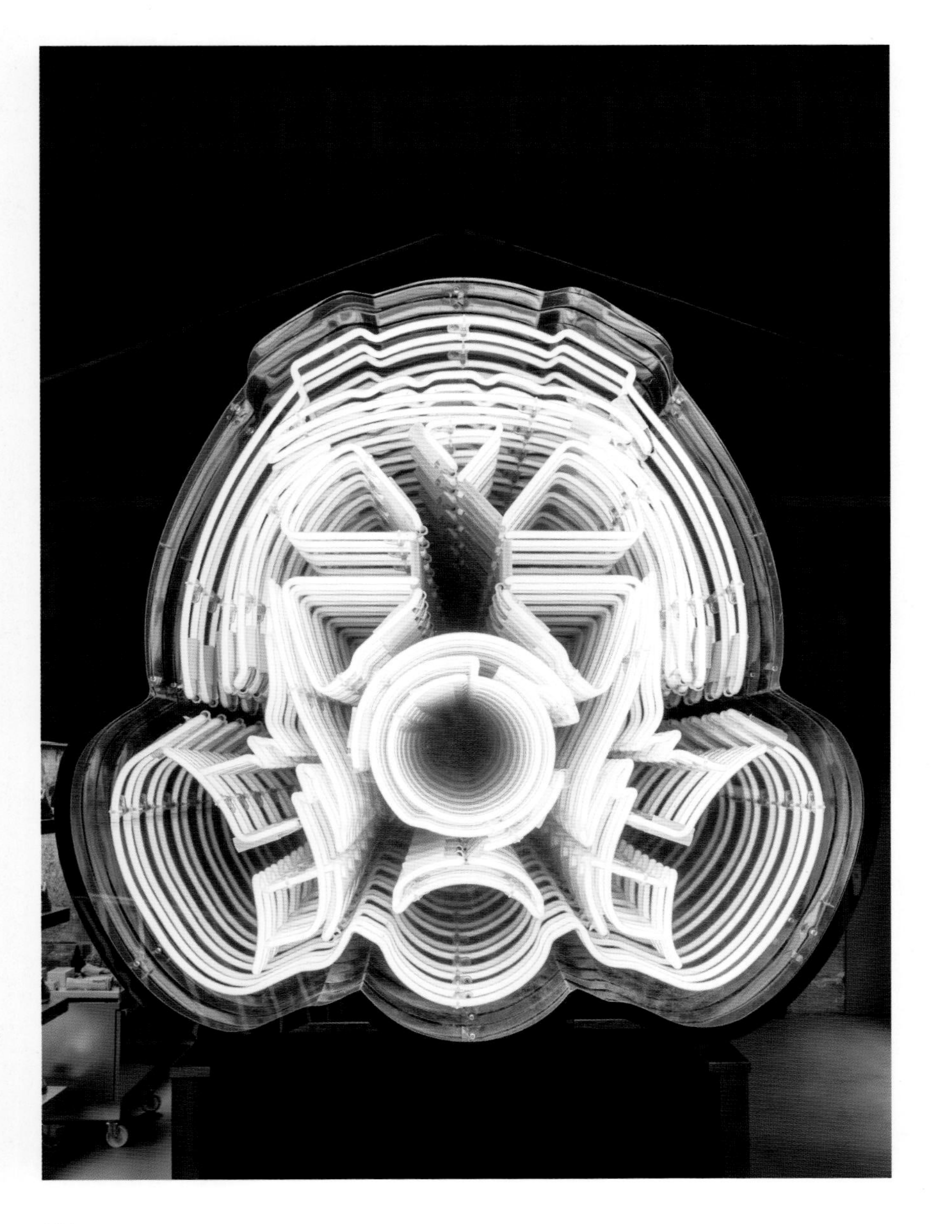

设计：abgc 建筑事务所（abgc architects）

摄影：保罗・蒂尔尼（Paul Tierney）

地点：爱尔兰 都柏林

如何打造一个空间既能在白天突显商品又能在夜晚增添艺术性

Nowhere 男鞋店

设计观点

- 巧妙运用自然光和灯光
- 推崇使用全新的方式诠释男性美学的前瞻性、成熟性及幽默感

主要材料

- 白色抛光混凝土、装饰铝板、皮革、镜子

平面图

1. 入口
2. 收银台
3. 橱窗陈列
4. 中央陈列
5. 更衣室
6. 仓库

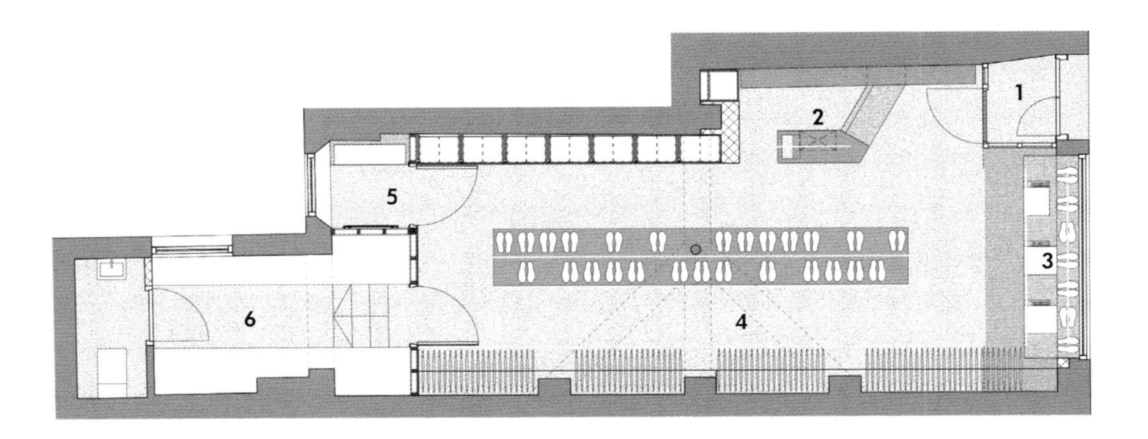

背景

这一男装店选址在都柏林历史悠久的昂基亚大街上(Aungier Street, 由Francis Aungier规划命名，位于都柏林第一个城郊住宅区内)，其历史可追溯到17世纪，其外观在维多利亚时期(1837—1901)得以翻修。

这家店铺主要商品是男鞋，店铺色彩策划和装饰团队分别来自马德里(西班牙)和蒂珀雷里(爱尔兰)。

设计理念

客户要求运用有限的预算和时间完成这一店铺装饰工程，因此设计师直接代替客户与供货商联系购买各种装饰材料。

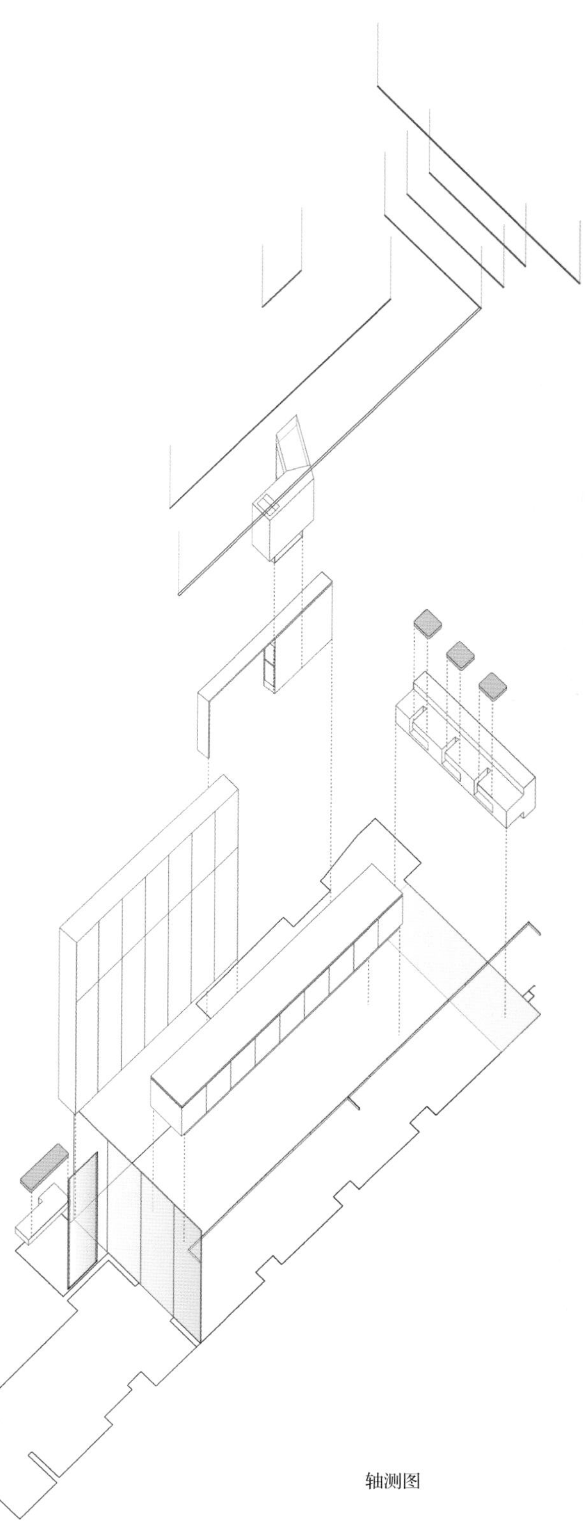

轴测图

这里曾经是一家咖啡馆，先改造成男装店，改造后包括 3 个混凝土台面、陈列台、地面以及一系列用于安装照明结构的铝材灯轨。唯一的一个衣架一直延伸到店铺后方，最后“消失”在用于隐藏试衣间和储藏室的镜面结构内。

店内所有元素都是专门定制的，包括白色抛光混凝土地面和嵌入到集成柜台内的迷你花园。照明结构则安装在特殊打造的铝制灯轨内，包含两盏 LED 灯、一盏下射式灯具（可以呈现出类似于自然光线的照明效果）以及一盏上射式彩色可控 RGB 照明灯（夜幕降临之后，整个室内在其照射下犹如一个闪闪发光的盒子）。

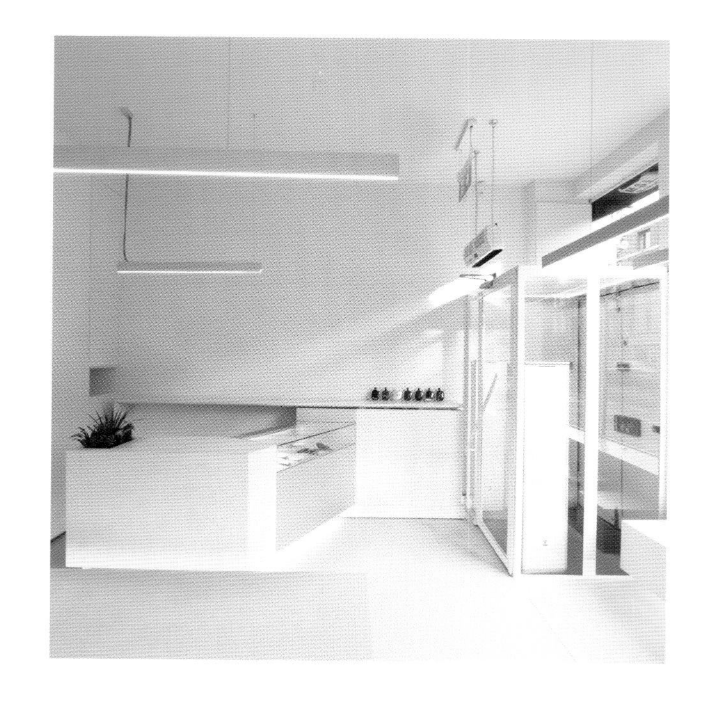

设计师希望在全天候（营业时间和打烊之后）都营造出微妙的空间氛围。白天，简约的室内犹如画廊一般展示着少许的独特的商品（大多数商品都被隐藏起来）。夜晚，灯光开启，整个空间犹如一个发光的盒子一般呈现在路人面前。

此外，设计师还尝试借用涂料、玻璃和镜子等将所有的“装饰”隐藏起来，让商品成为空间的主角。即使是厚重的混凝土通过色彩的粉饰也变得轻盈。

设计：迭戈・马戈斯・达・罗查（Priscila Pimentel /Arch. Diego Marques da Rocha）

摄影：三角项目团队（Proyecto Triangular Team）

地点：阿根廷 布宜诺斯艾利斯

如何打造一个友好而居家的购物氛围

Perky 鞋店

设计观点

- 陈列结构多样化
- 家具定制化
- 材料亲切化

主要材料

- 家具——玻璃钢
- 地面和墙壁——微细水泥
- 天花——镀锌钢板
- 标识牌——镀铬装饰和霓虹灯

一层和二层平面图

1. 移动陈列柜台
2. 侧面移动陈列柜台
3. 穿孔板结构
4. 长凳
5. 短凳
6. 收银台 1
7. 收银台 2
8. 滑轮系统
9. 边桌
10. 松木框镜子（80×180cm）
11. 悬挂绳索结构
12. 特色穿孔板
13. 地毯
14. 陈列推车
15. 凳子
16. 陈列台
17. 彩色珠帘
18. 礼品纸陈列架
19. 打字机
20. 特色树形装饰
21. 特色陈列系统
22. 特色地毯
23. 特色坐垫
24. 特色照明
25. 自行车轮照明结构
26. 冰激凌推车
27. 金属围墙
28. 松木板结构
29. 门
30. 金属窗台
31. 白色中纤板结构
32. 外部照明系统
33. 储藏货架

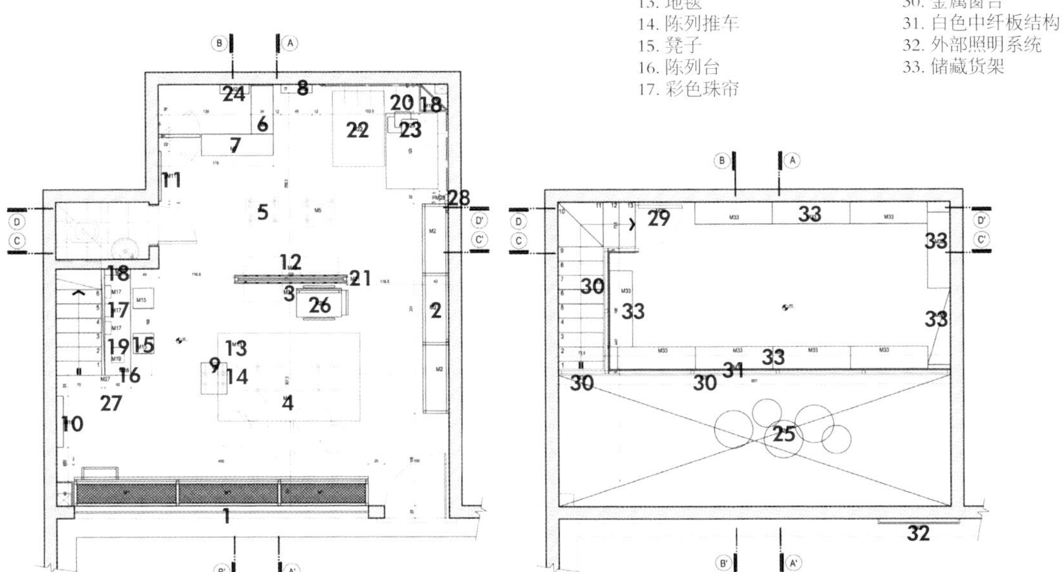

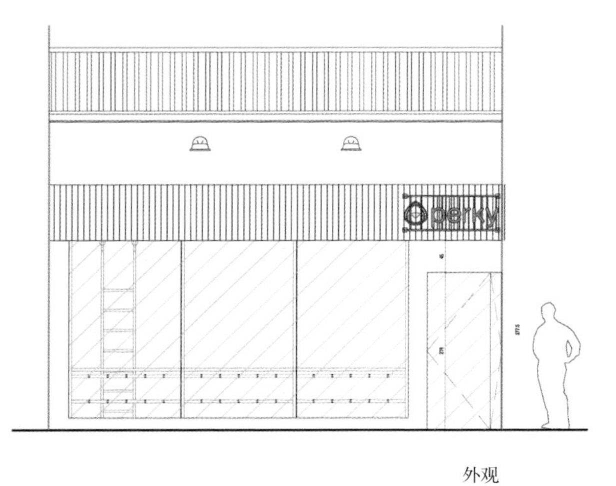

外观

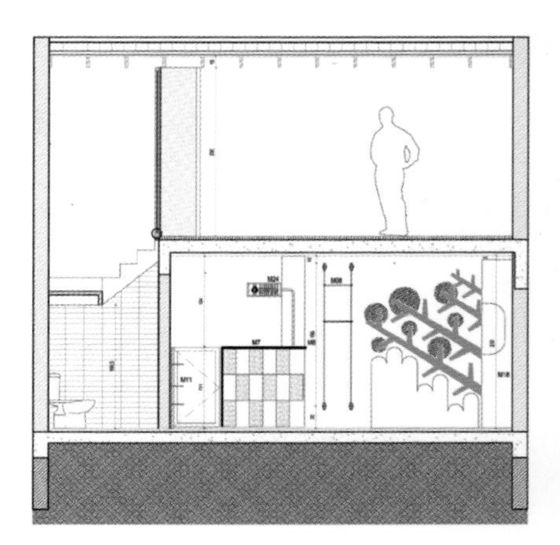

内部剖面图

背景

Perky 阿根廷店是该品牌在巴西之外的第一家店，这里不仅是品牌诞生的原产地，更是品牌所有者出生的地方。店铺选址在拉普拉塔市（La Plata，布宜诺斯艾利斯省会）的贝尔城（City Bell），其设计沿用此前其他店铺的理念。

设计理念

中心思想即为在品牌精神与店铺形象之间构建关联，从而更好地为阿根廷地区的顾客服务。

SALIDA

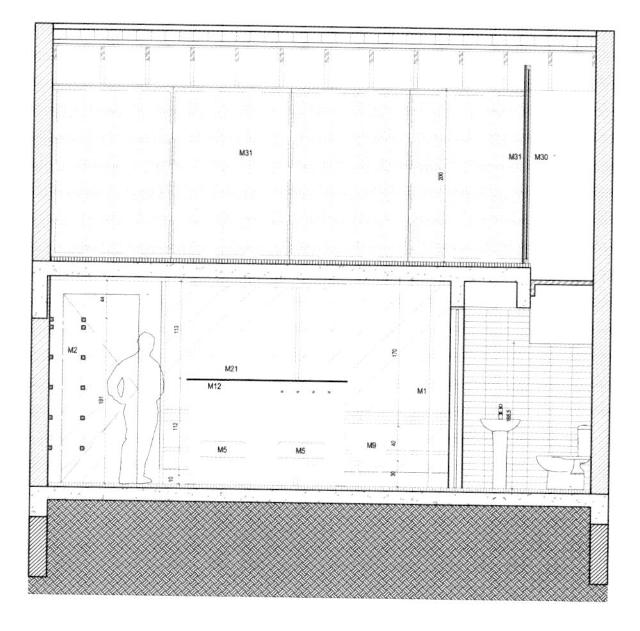

剖面图

店面引入了用松木和绳索打造的仿秋千结构，从上面的储藏架上悬垂下来，可随时移动，根据需求放置在橱窗的任何位置，营造多样化的陈列方式。店铺标识牌采用木材和铁打造，与收银台处内部发光的标识造型相同。店内空间设计继续沿用巴西店的理念（虽然处于不同的国家文化背景之下，面对不同的顾客群体），旨在营造友好的居家氛围。此外，店铺的独特之处在于其夹层结构，不仅增加了面积，还提供了更多新的可能性。

店铺保留了原始风格特色，如粗面砖、地板、模块化家具（带有架子和挂钩）、商店分区方式以及特有的礼品包装区。在店内商品较少的情况下，挂钩结构可以用陈列架取代，以使其看起来不会很空，让陈列更加多样化。

陈列架移到店铺中心，背包带和木质挂钩组成展示系统，可以随意调节高度。早前定制的木头动物展柜放在其背后，为小朋友开辟了一个可以互动的空间，而正面则摆放着长凳，供顾客坐下来试穿。

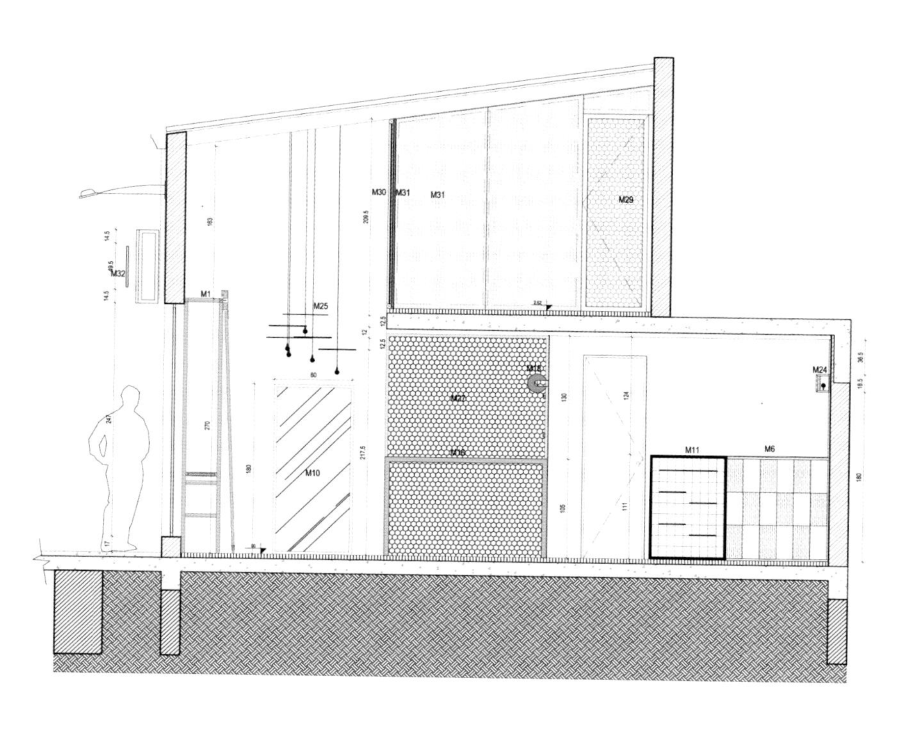

剖面图

在收银台，设计师运用了品牌的标识灯饰，并创造了一个用于展示背包的陈列结构（采用滑轮和绳索打造）和用于销售小型物品的互换式陈列架。另外，由当地艺术家创作的粉笔黑板墙构成了主要特色。

靠近收银台的区域以童话故事为灵感打造——经典的树木造型结构、雅致的蓝色墙壁以及采用鞋子布料制作的垫子和地毯共同营造出梦幻的氛围。这里是一个互动区域，客人可以自己包装购买的商品。这里提供包装纸、彩色花纹以及 Perky 品牌自制的印张卡片。顾客可以用古老的字体在卡片上写“付出仁爱产生更多仁爱”或“优雅，更加友爱”等店内提供的祝福语。这一构思旨在鼓励年轻的一代用自己的风格传递出美好的信息。

店内所有家具都是设计师专门设计并由三角项目团队（Proyecto Triangular）制作的。

perky
perky

THE LISBON WALK
Rise and Walk

设计：菲利普·梅洛·奥利维拉 / FMO 建筑事务所（Filipe Melo Oliveira/ FMO architecture）

摄影：French + Tye 摄影工作室

地点：葡萄牙 里斯本

如何使商品显得与众不同

Lisbon Walker（里斯本沃克）旗舰店

设计观点

- 极简 + 创意
- 多样化陈列

主要材料

- 地面——砖
- 天花——混凝土

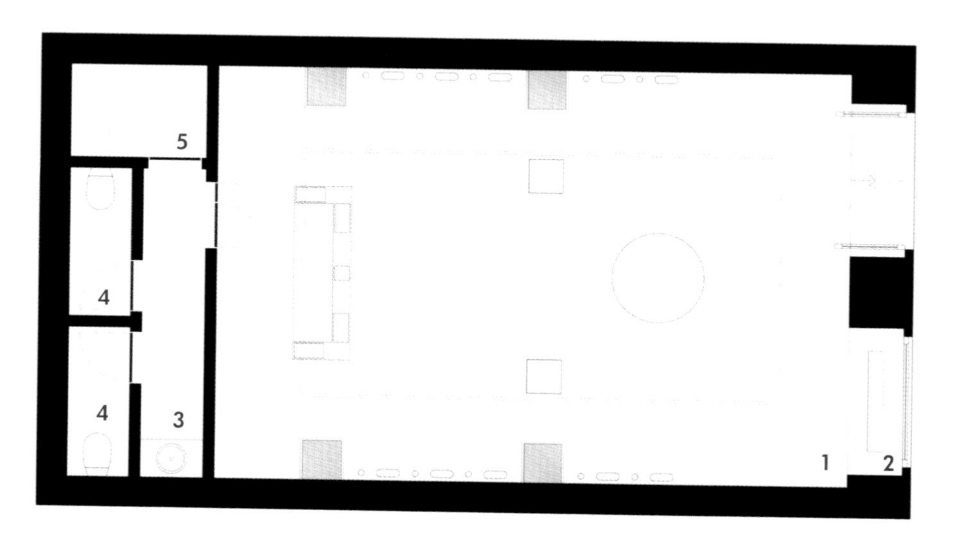

平面图

1. 陈列区
2. 橱窗
3. 通道
4. 卫生间
5. 储藏室

外观立面图

背景

Lisbon Walker（里斯本沃克）是一个全新的高端概念品牌，其旗舰店位于里斯本市中心（全葡萄牙最好的地方），主要售卖男鞋、皮带、饰品、红酒及一些定制产品。

设计理念

这一项目主要设计理念是打造一个能够简洁、客观、真实地展示每一件商品的空间。鞋品与红酒并排展示，好似悬浮在墙壁上。空间及家具设计都是以对称性、简约性和真实性为主要思想。

走进店内，一眼便望见对面深色墙壁上的品牌名称，热情地欢迎着每一位顾客。收银台上摆放着饰品，而两侧垂直的陈列架上展示着皮带和其他一些概念产品。白色墙壁上，陈列着男鞋和红酒，营造出悬浮效果。中央区域圆形的黑色皮革沙发凳让人再次想到品牌的标识。

所有材料和谐地融合在一起，打造了高端的工业风空间，完美地诠释着每一件商品。

店面突出了传统与现代的融合，将建筑设计与产品概念结合在一起。入口左侧的橱窗格外引人注目，将店内的产品“男鞋和红酒”清晰呈现在路人眼前，让他们情不自禁地窥向店内并迈步进来。

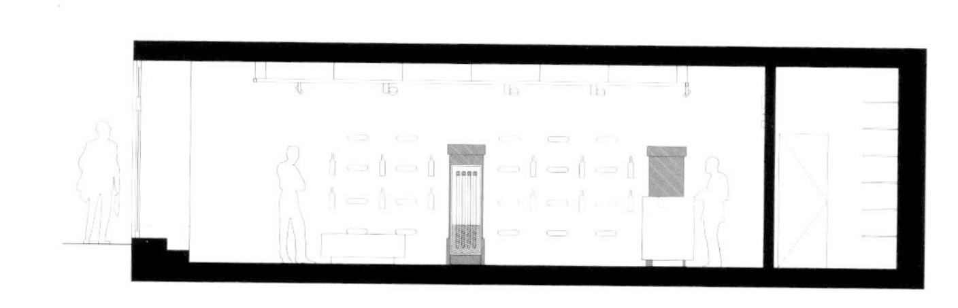

室内一侧立面图

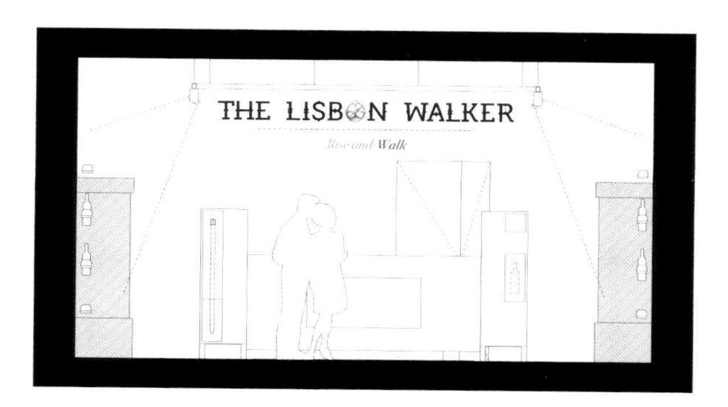

室内前侧立面图

Gaia del Greco
Scarpe e Borse fatte da noi

设计：汪昶行、朱勤跃 / NONG STUDIO

摄影：汪昶行

地点：中国 上海

如何构建一个迷人的零售空间，既能方便顾客，
也能更好地展示品牌特有的手工产品

Gaia del Greco 精品店

设计观点

- 从室外更衣室和保险柜中获得灵感
- 充分利用色彩、造型和肌理

主要材料

- 黄铜、不锈钢、定制软包、定制壁纸、水磨石、艺术涂料、烤漆板、羊毛、定制地砖、霓虹灯等

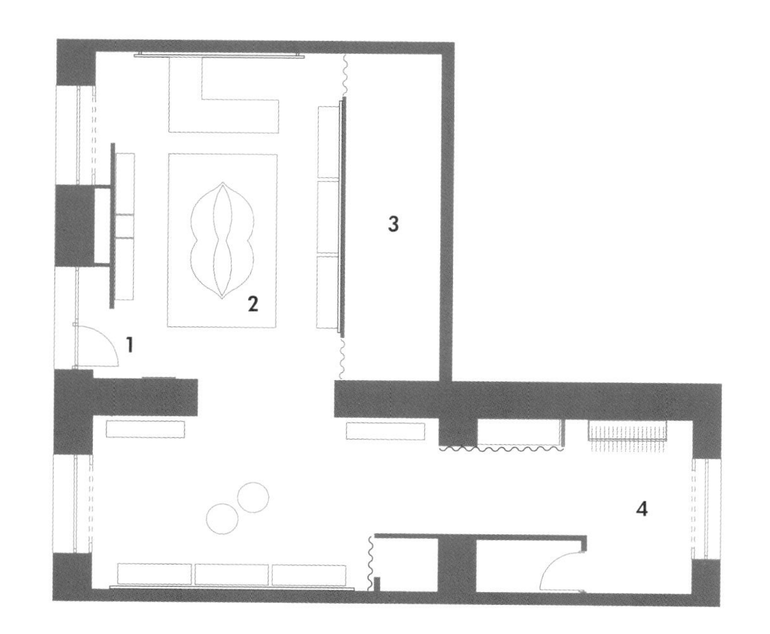

平面图

1. 入口
2. 休息区
3. 储藏区
4. 陈列区

背景

Gaia del Greco 精品店位于意大利的塞尼加利亚（Senigallia），店面是由购物中心搬至现在的马凯街 (Marches，位于意大利中部的东侧，文艺复兴时期古城，有数千年葡萄酒酿造历史及产区)。

设计理念

店面由 Adriana Genro /PiùStore 设计，该店所有者 Giorgia Politi 是一名专注于意大利皮革手工业的行家，其同名工厂主要生产鞋类和配件。店主对其设计的定位如下："精心制作的意大利皮鞋和配饰是世界各地风格和传统的代名词。我们的国家也为所谓的实惠奢侈品市场生产非常漂亮的产品，价格比著名品牌更合理，Gaia del Greco 恰好适合这个市场。"

经过几周的努力，店主最终找到了一个完美的地点——位于城市中心步行街上的一栋老建筑（毗邻大教堂），一层原有的Stefanel店正好关闭了。

原有店铺被分割成三部分，其中两处空间对外开放，另一处用作储藏室。从入口进来，首先到达一个较大但毫无特色的空间，无论从细节还是产品陈列上来看，都不会给人留下印象。右侧包括一系列的试衣间和陈列结构，其中一个试衣间可通往储藏室，里面有一个被废弃的橱窗。

设计师从临街的橱窗作为起点，将原来的两个试衣间取消，同时将储藏室改造成陈列区，入口也设置在这里。朝向市区最著名的冰激凌店的橱窗也经过了重新改造。这样一来就在店内建立了视觉关联。同时，在陈列区后面打造了一个新的储藏空间，其比例更加和谐。

店内空间采用20世纪70年代的流行设计风格，如橱窗及陈列柜处的粉红色霓虹灯和Bocca模型、双人紫红色沙发。沙发的嘴唇造型构成了Gaia del Greco的特色——这是一个留着紫红色唇膏的吻的印记。所有的设计元素，如色调等，都以满足、吸引女性时尚爱好者为目标。

室内墙面采用石膏板装饰，专门打造的拱形图案与店面相呼应。陈列的鞋品和饰品以彩色为主，风格独特。铸铁陈列架的拱形背景墙刷以白色，以打造特殊的购物体验。

水蜜桃色让人不禁想到美味的水果，而紫红色则彰显出“唇膏吻”的标识。收银台采用镜子包裹，以便在顾客试穿时可以反馈鞋子试穿效果。

粉红色的霓虹灯形式的拱形框架橱窗中展示的产品，立即吸引路人的眼睛。霓虹灯装置可以保持到凌晨 2 点，也为街道周围营造出生动的氛围。

Little Stories

设计：CLAP 工作室

摄影：丹尼尔·鲁埃达

地点：西班牙 瓦伦西亚

如何为小朋友提供独特的购物体验

小故事童鞋店

设计观点

- 在室内外营造连续的游戏空间
- 空间简约性以及多变性

主要材料

- 白色瓷砖（外立面）
- 灰色自流平砂浆（地面）
- 玻璃钢（天花）

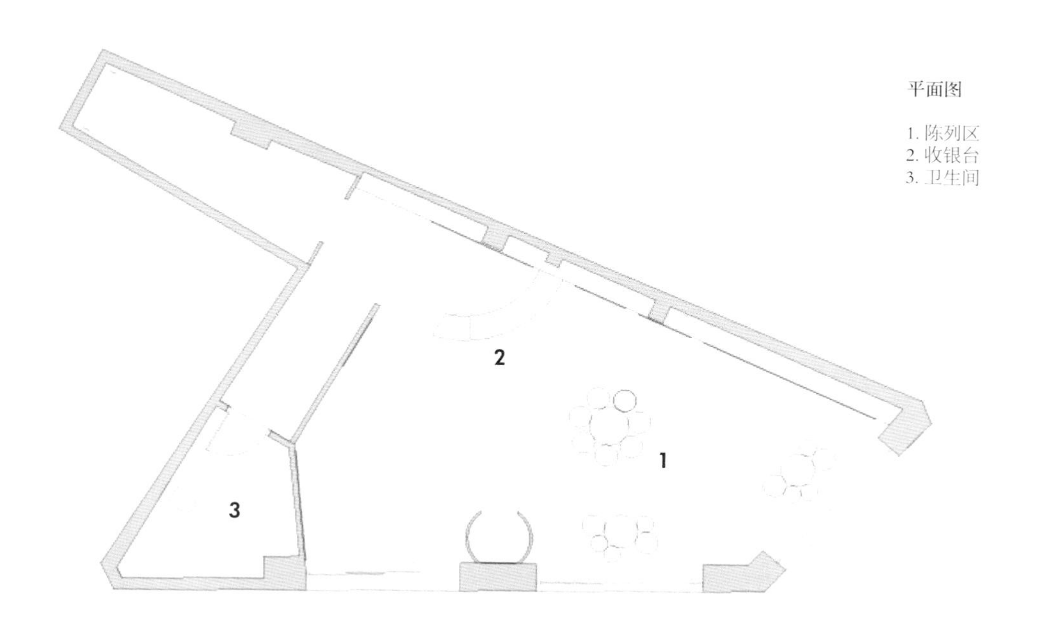

平面图

1. 陈列区
2. 收银台
3. 卫生间

Little Stories

Little Stories

背景

小故事童鞋店位于一座建筑的底层，内外明亮的白色让店铺十分显眼。外墙上俏皮的符号涂鸦让人一下便可意识到这是一家儿童类商店。许多从童趣出发的设计，往往不会只勾起小孩子们的兴趣。经设计团队的巧思筹划，成为街道上人人驻足观望的店家，不仅给人深刻的视觉印象，更散发着让大人小孩都想一探究竟的魅力。

设计理念

整体空间的目标是为小孩创造一种玩心十足的体验，让挑选鞋品像是游戏般，由想象力引导，孩童赋予自己挑选鞋款的想法，并在日后的生活里创造故事，回应这个品牌的精神：每双鞋都能陪伴着主人，探索、创造一个个小小故事。

门面上开了三扇超大型的拱形窗户，营造童话般的趣味感，也为室内引进明亮光源。引人关注的同时，也为路人提供了一瞥店内景致的机会。

创办人希望能为其设计企业形象的需求，打造一个能体现品牌精神的空间。Clap 整理出三个能体现“Little Stories”的关键词：简约、游戏感、实用度。以此发展出 LOGO 和空间。LOGO 的设计挑选了具亲和力和简单特质的无衬线字体，搭配周围看似随意的线条，传递品牌形象。

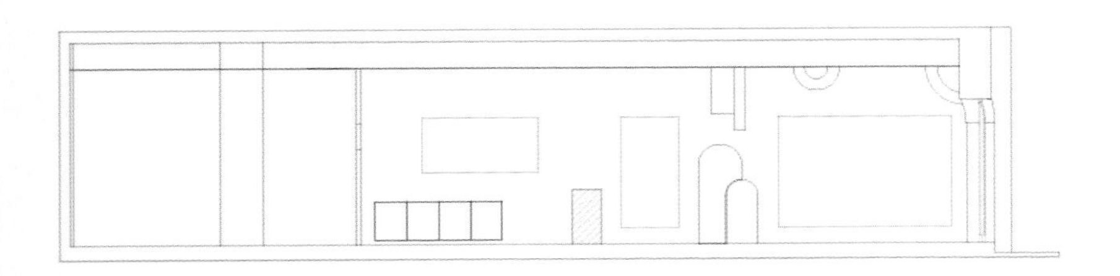

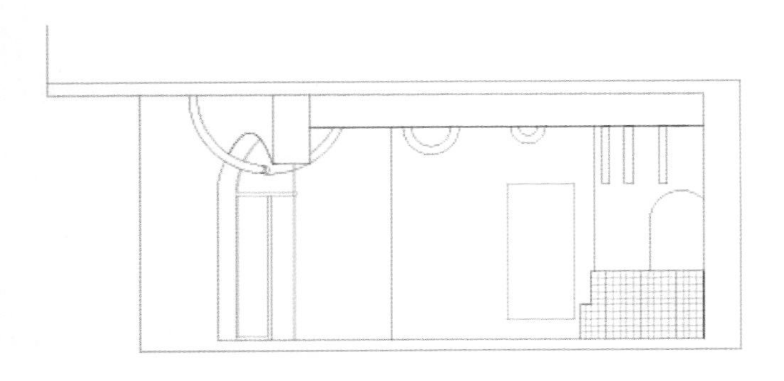

剖面图

Little Stories

Little Stories

空间里所有的设计都以圆弧形为主，圆柱体成为空间内出现频次最高的元素。用于展示鞋子的圆柱形展台，可移动小型台面摆放在地上作为灵活的展示空间，设于空间中心位置的顶天立地的圆柱式试衣间以及从天花板上悬垂而下的尺寸高矮不一的圆柱管状吊灯。红黄蓝三原色的灯管从天花板向下伸出，分层次地照亮下方的展示柜台。圆柱形水管状很像超级玛丽会遇到的关卡，每件商品摆在里头更显特别了。为彰显展示上的灵活性，墙上的半圆形鞋架是以磁性板做成的，方便拆卸和移动。走进更衣室里则有圆弧形的镜子，带来视觉上的柔和感之余，也兼顾了小孩游玩时的安全。

设计师表示："我们认为小孩的脑袋里有一些独特的特点，像是：自由、趣味和多功能，这些线条的灵感便来自于此。同时设计的每一个细节都旨在鼓励想象力游戏，也要能衬托出展示的商品。"

设计：FRANCESC RIFÉ 工作室（FRANCESC RIFÉ Studio）

摄影：大卫（David）

地点：英国 伦敦

如何巧妙规划店内鞋品陈列结构，使其既不能压缩空间整体面积，又不阻碍顾客动线

艾熙（ASH）伦敦店

设计观点

- 构建中性简约零售环境
- 突出鞋品本身

主要材料

- 混凝土、黄铜

平面图

1. 中心陈列区
2. 墙壁陈列区

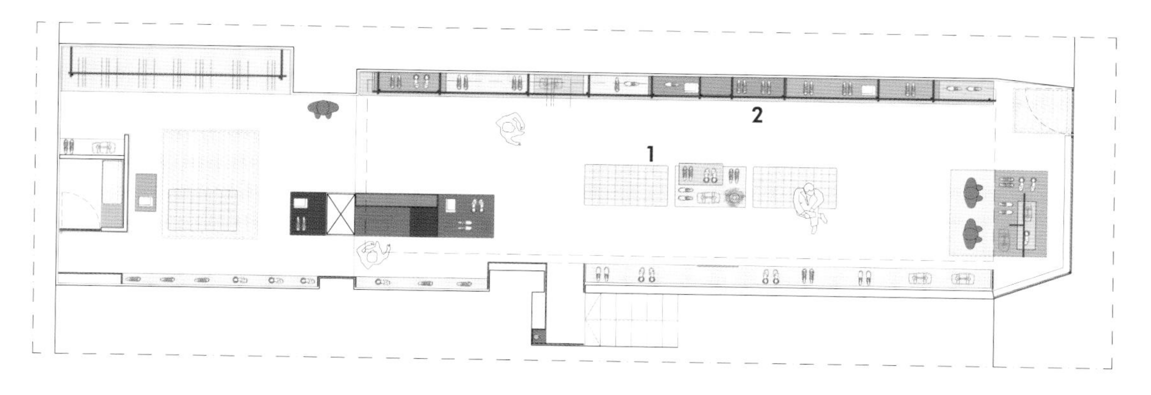

背景

FrancescRifé 工作室为时装和鞋类品牌艾熙（ASH）打造全新设计理念，这家位于伦敦马里波恩高街上的店铺有着金色的天花板和管状金属结构，在视觉上丰富了空间的简单形式及其中性的气质。

设计理念

这一项目面临的主要挑战即为小尺度的零售空间以及狭小的入口，必须保证从入口照射进来的自然光线均匀分布在店内，同时解决产品的陈列问题。其主旨是在不压缩空间面积的前提下，突出在售商品，同时确保顾客拥有足够的活动空间。

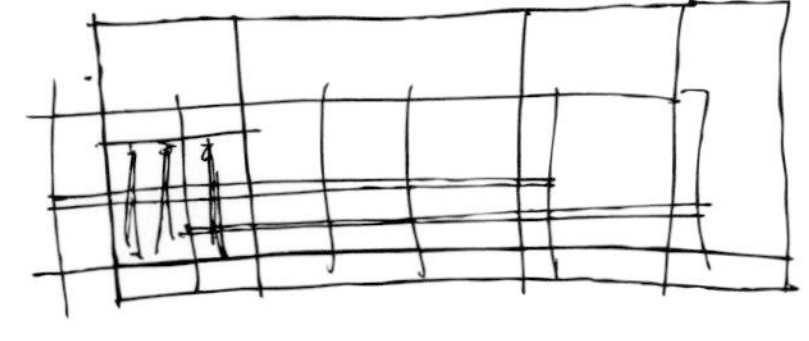

草图

店铺外观饰以黑色，标识牌通过两种方式进行处理，一处采用黄铜色粉饰，一处通过背光照明。巧妙的设计使得店铺更加引人注目。

草图

室内设计通过两个主要特征突显产品。第一，选择使用混凝土包围整个内部空间——从货架到墙壁，从地板到天花——构建中性的极简主义表面，同时通过集成在货架上的线性照明结构使鞋子更加突出。第二，在商店的一侧使用黄铜框架，仿造传统竹制脚手架的形状，将展示的鞋子与时装连接起来。此外，中性混凝土陈列台也与动感十足的展架结构相互呼应。

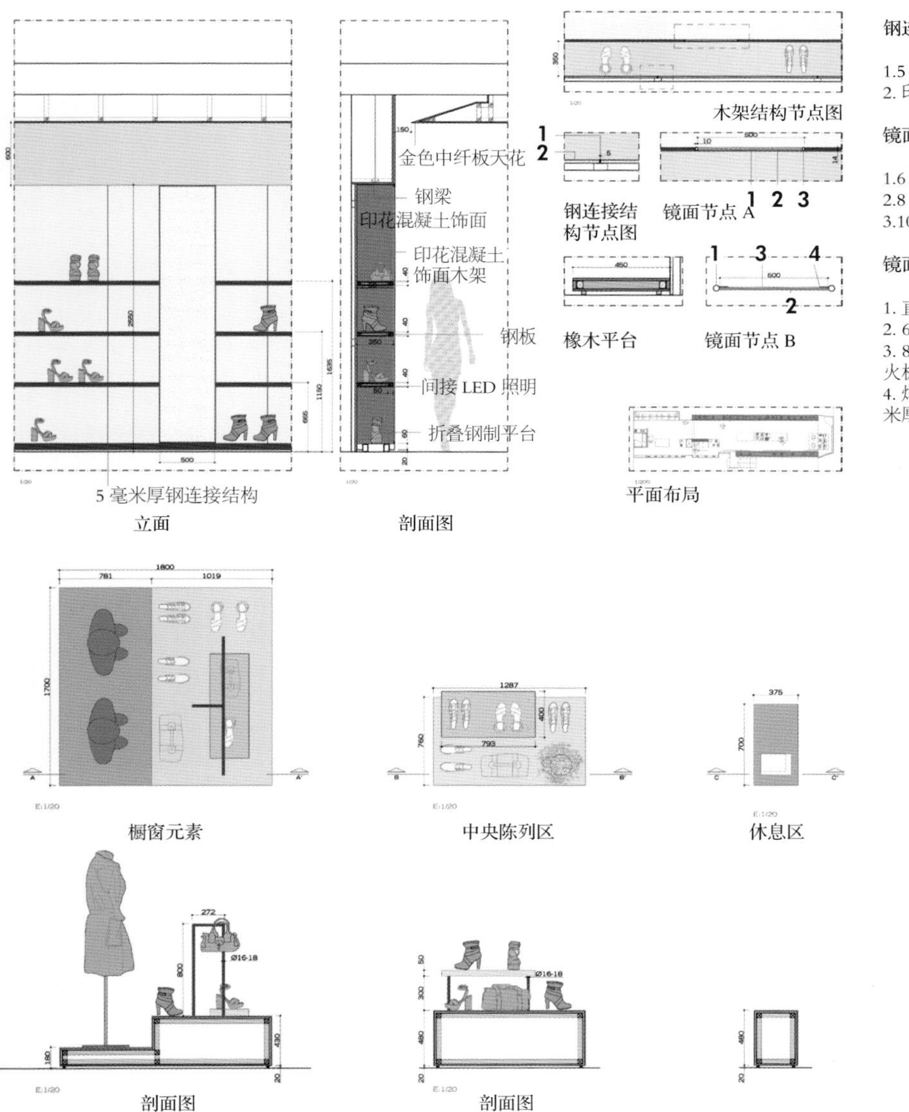

立面

剖面图

钢连接结构节点图

1.5 毫米厚钢连接结构
2. 印花混凝土饰面

镜面节点 A

1.6 毫米厚烟熏色镜面
2.8 毫米厚中纤板结构
3.100 毫米厚钢板

镜面节点 B

1. 直径 30 毫米的钢管
2. 6 毫米厚镜面
3. 8 毫米厚橡木饰面防火板
4. 焊接到管子上的 3 毫米厚钢板

橱窗元素

中央陈列区

休息区

剖面图

剖面图

ASH

有一个长方形的中心柱结构用来分割空间，象征性地分为两个主要区域。柜台也安排在这里。较小的商品在这里进行展示。柱子的后面，主要用于陈列时装，包括一个隐藏在灰镜后面的试衣间。混凝土展示台和卡梅内斯（Carmenes）长椅遍布整个店内空间。

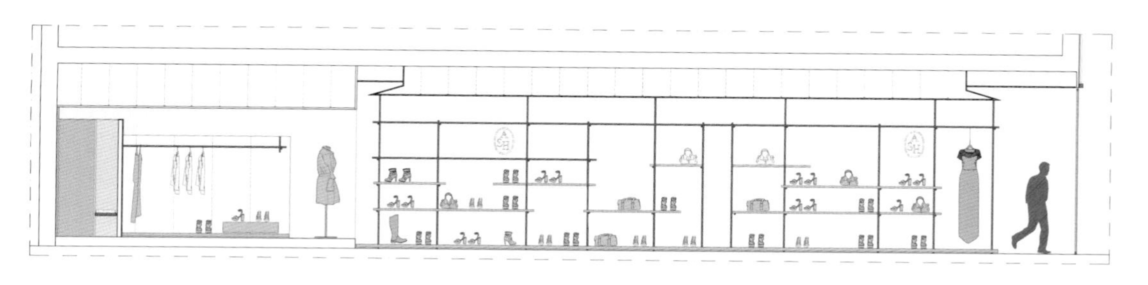

剖面模型图

金色的“云”结构天花设计也是项目的亮点。这种天花板的特点是集成了多个小孔，根据空间投射光线需求来增加灯具和配件。这一区域的照明通过点状光源控制，以适当照亮商品，同时营造满天星斗的天空景象。

小 面 积 鞋 店 设 计 要 点 及 技 巧

风格定位

清楚品牌定位，是休闲鞋还是商务鞋，是男鞋还是女鞋。休闲鞋店应给人以随意、轻松的感觉，可以选用节奏感强的背景音乐，拥有对比强烈的色彩和绚烂的灯光，货架的摆放要在随意中又有整体的感觉。如是商务鞋店，则反之。女鞋店在色彩上可选择，淡蓝＋白、红＋白、紫红＋白、驼色＋白、黑＋白等，线条纤细，灯光柔和。而男鞋店则以粗犷的线条、深沉的色彩为主，多用胡桃木等材料装饰。儿童鞋店可以选用活泼鲜艳的色彩。

恰当使用色彩可以在视觉上使空间得以延展。地面和墙面都选用中性色调，可以使鞋品更加突出。（图 1、图 2）

2

1

3

空间布置

货架摆放留出行走空间，分为主通道和副通道，其中主通道宽度不得小于 120 厘米，次通道宽度不得小于 80 厘米。空间规划时应考虑让每一件产品都能得到很好地展示，但同时又不能让空间显得过于拥挤。建议在两侧陈列鞋品，并将试衣间和收银台放在店内尽头，这样就可以将店铺中央区域空置出来，用于摆放沙发，供顾客试鞋或休息之用。如此设计会让空间看起来更加开阔。（图 3、图 4）

4

橱窗设计

橱窗是店面装修设计的重要环节。鞋店的橱窗设计要摒弃过多的装饰，整洁并能把鞋子的特色衬托出来，突出实用性，并让客户感受到一种轻松舒适的氛围。(图 5)

5

6

灯光设计

灯光除了要基本照明和装饰性照明外，在鞋店中，最好把灯光对准重点推出的鞋款或者潮流的样式，以将店里最好的商品特色突出出来，给顾客最好的印象。例如，同样一双鞋打光和不设灯光出来的展示效果完全不同，特别是一些单件展示的高档鞋，一定要用射灯进行烘托。灯光的颜色也要适当，蓝色光给人冰凉、冷酷、迷幻的感觉 (凉鞋、拖鞋)，黄色的灯光，给人很温暖的感觉 (秋鞋、冬鞋)。

店内照明应与外面照射进来的自然光线和谐统一。(图 6、图 7)

巧用镜子

镜子摆放的角度不同给店面带来的效果也不同，所以在镜子的摆放方面，应该注重功效，不能简单地做一个三角形的斜镜子，或者太小的镜子，只是能够看到脚上的效果，看不到整体的效果。建议采用一种比较新颖的方式，即装饰一面大镜子，除了能够看到鞋的效果，更重要的是可以看到整体的效果。

côte&ciel
POLY
côte&ciel

设计：联图设计

摄影：Hoshing Mok 摄影工作室

地点：中国 香港

如何在多种材料中寻求平衡

COTE&CIEL 包店

设计观点

- 定制多样化的结构
- 打造简洁背景

主要材料

- 玄武岩、 熔岩石、巴尔梅斯石、金属、不锈钢

平面图

1. 入口
2. 陈列区
3. 收银台

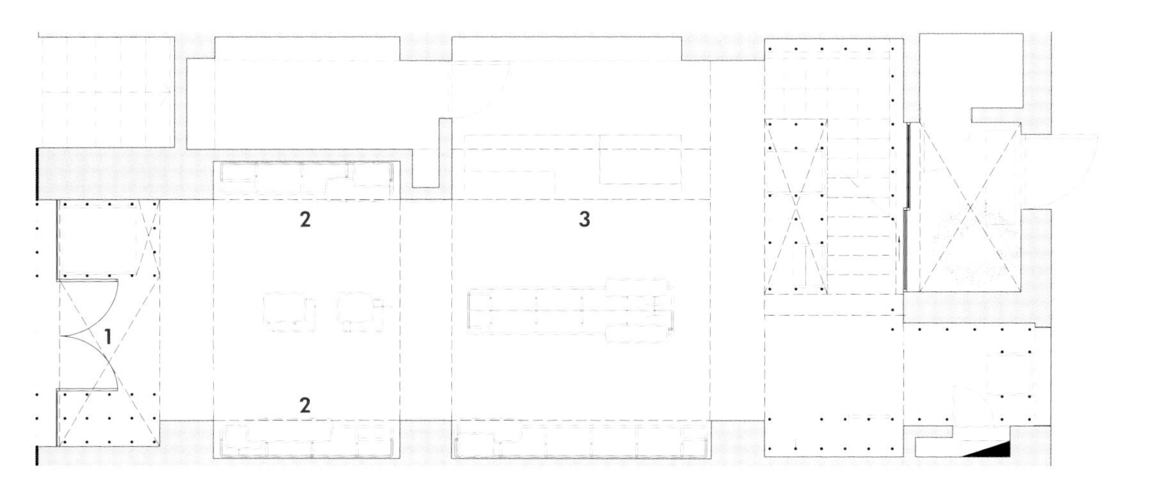

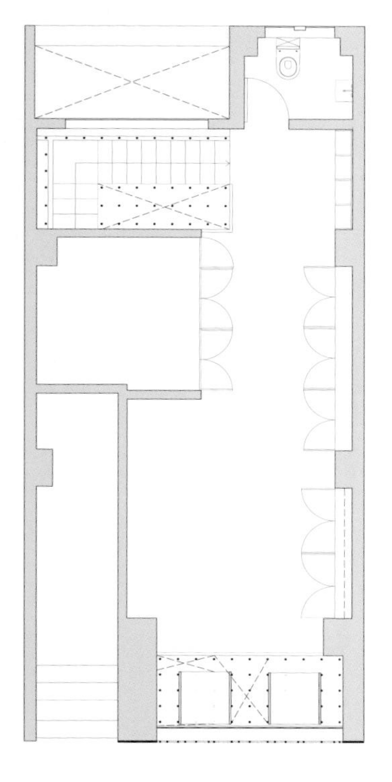

二层平面图

背景

Côte&Ciel 的品牌灵感源自海岸 (côte) 与天空 (ciel) 的冲击对撞。该店位于香港上环东街，分为两处双层空间：一处位于入口，一处位于建筑后方，与花园相连。

设计理念

联图 (Linehouse) 运用自然与城市、内在与外在、镜面与暗淡的对比，在视觉感官上多元地呈现出二者撞击。

两个空间充斥着垂直的金属管，实现了天空与海岸元素的垂直连接。空间中，金属管表面质地不一，在横向与纵向上按序排列。纵向看，金属管高处为抛光不锈钢质地，垂直向下低处则呈现出毛糙的质感。建筑外观在水平层面渐变，由经过不同方式处理的抛光不锈钢、拉丝钢、粗钢和黑色金属组成。

店内金属管起着陈列产品的装置作用，展示盒、镜子和用于包袋挂扣悬浮其中，并构成一个整体。

零售空间位于夹层，墙面为荔枝面灰色岩武石覆盖。商品展示架的材料为黑色熔岩石、黑色金属和打孔不锈钢。定制灯光由抛光不锈钢和管制灯具组成。收银台由灰色巴尔梅斯石制成，并嵌以不锈钢材料。

ndividual Product
FREITAG

设计：TORAFU 建筑师事务所（TORAFU ARCHITECTS）

摄影：阿野太一（Daici Ano）

地点：日本 大阪

如何翻新店铺使其利用有限的空间陈列 1200 只包包

FREITAG 包店

设计观点

- 借用“售货亭”理念
- 营造工业风范围在视觉上扩大空间

主要材料

- 混凝土、黄铜

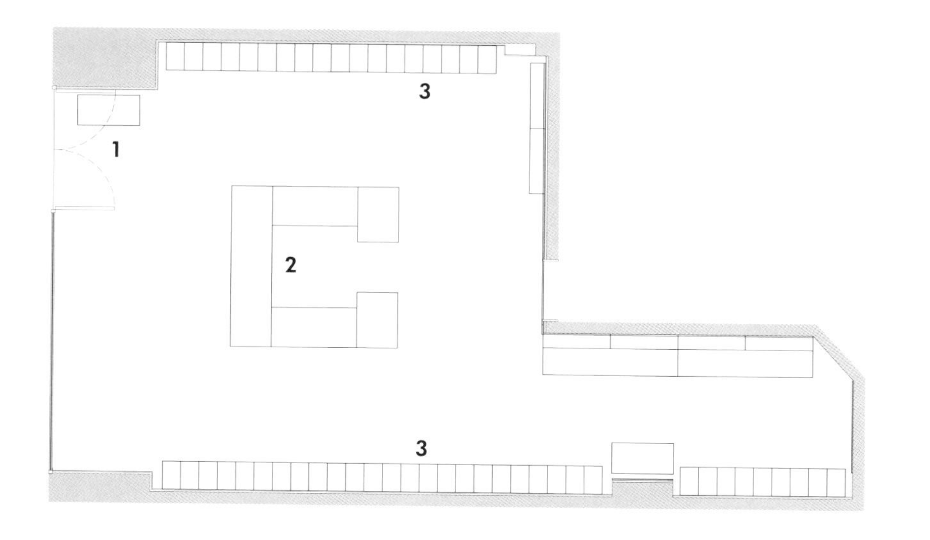

平面图

1. 入口
2. U 形陈列台
3. 墙壁陈列架

背景

TORAFU 建筑师事务所在完成了 FREITAG 银座店和涩谷店之后，又操刀设计了其在大阪的店铺。FREITAG 包店出售使用回收的卡车篷布、自行车内胎和汽车安全带制作的彩色邮差包和饰品。店铺临街而立，独具特色。

设计理念

客户要求设计师充分利用 65 平方米的店铺空间，用于展示 1200 只包包。为此，他们借用了“售货亭”的理念。

设计师从“售货亭”风格中获得灵感，在有限的空间内密集展示产品，他们在商店的中心打造了一个 U 形柜台，由回收的钢制柜和雪松木材面板组成。

柜台上方悬挂着一块由 FREITAG 包袋相同的卡车防水油布制成的“屏幕”。当店门打开时，屏幕会像售货亭的遮阳篷一样打开。当店门关闭时，屏幕放下来，在店外即可看到印有“FREITAG”的标志。

墙壁左右放置着直达天花的 V30 陈列架（品牌特有的陈列结构），而后侧则悬挂穿孔钢板结构，用于丰富店内商品陈列方式。

空间表面的处理方式源自品牌的银座店和涩谷店，原有的混凝土天花结构被移除，重新悬挂工业照明设备，而混凝土地面则进行了抛光，从而营造出工业风氛围，同时也在空间结构和新的家具之间打造了对比效果。

设计：小林雅一（Masakazu Kobayashi/iks design）

摄影：小林雅一（Masakazu Kobayashi/iks design）

地点：中国 台湾

如何打造一个整洁并富有创意的包店

手工制作包店

设计观点

- 选择自然温馨的材料
- 强调简约与对比

主要材料

- 木纹瓷砖（地面）
- 砖瓦（墙面）
- 橡木（橱柜）

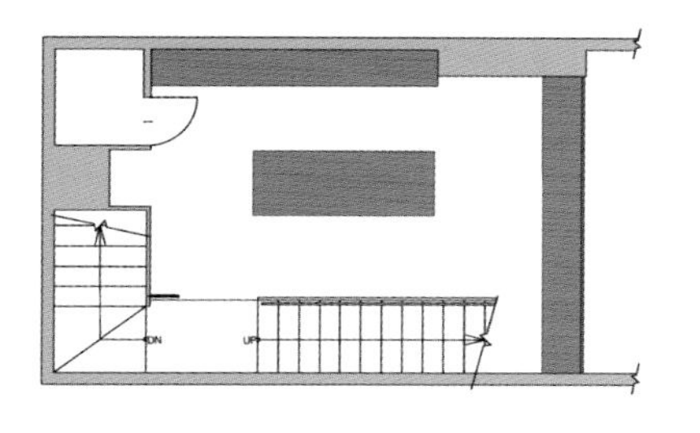

二层平面图

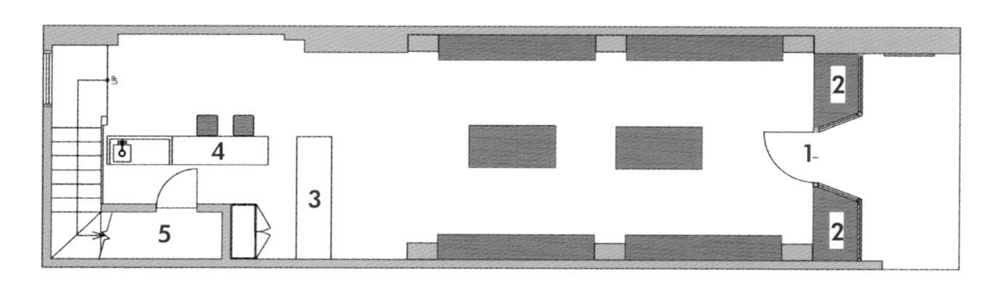

一层平面图

1. 入口
2. 陈列橱窗
3. 接待台
4. 咖啡吧台
5. 后院

背景

这是位于台湾台中的一家专卖店，主要出售日本手工艺者制作的包包。店铺主人是地道的台湾人，邀请了一位日本设计师来打造这家售卖日本产品的店铺。

设计理念

店内商品时尚而精致，由日本一些品牌商提供，而并非以传统日式风格为主。为此，设计师打造了一个中性的空间氛围，用于能够更好地突出产品的个性。

设计并非是自我表达，而是对美的追求，因此要不断需求更好的解决方案来满足客户的需求，从而取得更完美的结果。

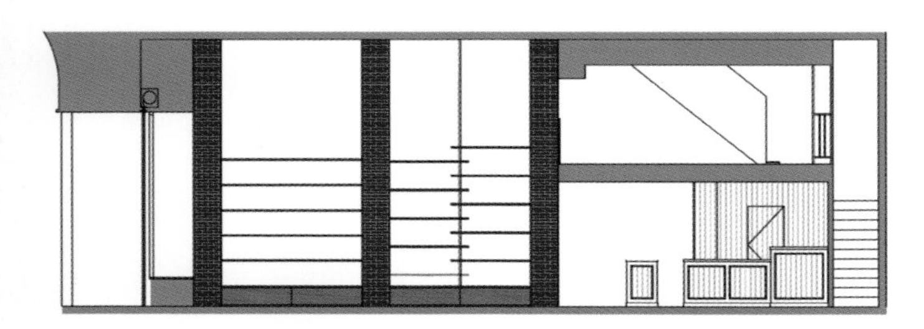

剖面图

立面图

HAND üin
made with craftsmanship
×
CLEDRAN
suolo
Folna

室内空间注入温馨柔和的气息——砖瓦地面、橡木橱柜和白色饰面的收银台共同营造出一个简约中性的背景，任何一件商品都可以在这里找到适合自己的位置和展示方式。

为了更好地展示工匠精神，二层专门打造了一个小工作室，用于制作钱包等皮具制品。和一层不同，设计师在这里加入了工厂风元素，包括类似于梯子的展示架和工业照明灯饰。

RICHGATE PLAZA

设计：汪昶行、朱勤跃 / NONG STUDIO

摄影：汪昶行

地点：中国 上海

如何避免徒有其表的锦上添花，而诠释有趣的品牌灵魂

V 2 买手店

设计观点

- 从室外更衣室和保险柜中获得灵感
- 充分利用色彩、造型和肌理

主要材料

- 黄铜、不锈钢、定制软包、定制壁纸、水磨石、艺术涂料、烤漆板、羊毛、定制地砖、霓虹灯等

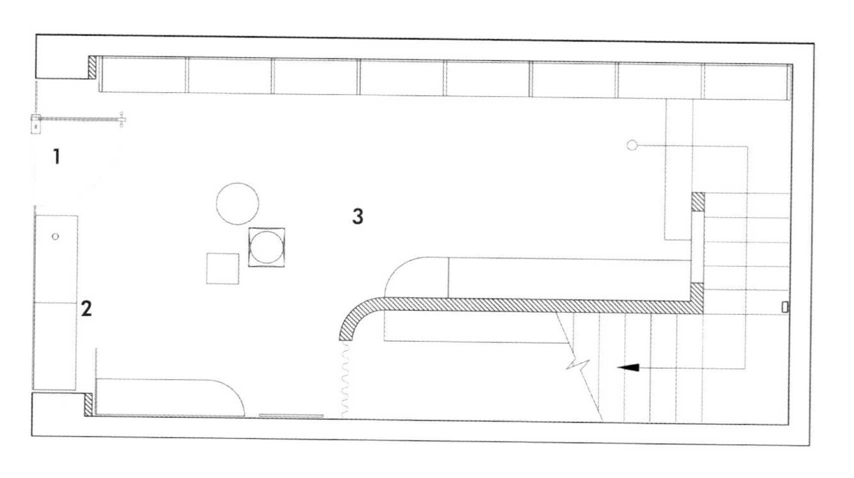

平面图

1. 入口
2. 橱窗陈列
3. 展示区

V2

背景

V2 买手店坐落于上海新天地区域一条隐世小路自忠路。新天地作为上海的时尚地标，遍布各种或小资或大牌的潮牌店。店址原来是一套 2 层石库门住宅的一厢，被改造成上下贯通的店铺空间。

设计理念

V2作为中国二手奢侈品领域的领军品牌，一直以来特立独行于各种时尚地标店之中是凭借其对奢侈品讲究而不刻意追逐的态度，其对室内空间的要求——对形态、材质、肌理有所考量——同样是源于奢侈品鉴定所注重的细节，但是不可拘谨，冷静，需要营造放松随意的环境。

惊喜于这种冲突的气质，为了同时呈现专业度和随意度，我们想到了保险箱和更衣柜的组合。灵感来源于室外游泳池的更衣室——水磨石的地面，室外庭院的拼花地砖，一整面墙上或开或关的保险柜，每个关上的盒子上印着粗体标签。粉色的马来漆作墙面、墙上霓虹灯 LOGO、橙色的展示窗、宝蓝色展示立柱、镜面的边几和如同 20 世纪 30 年代拼花图案的仿古地砖，进一步加强了这个“更衣室”的随意感。

室内空间注入温馨柔和的气息——砖瓦地面、橡木橱柜和白色饰面的收银台共同营造出一个简约中性的背景，任何一件商品都可以在这里找到适合自己的位置和展示方式。

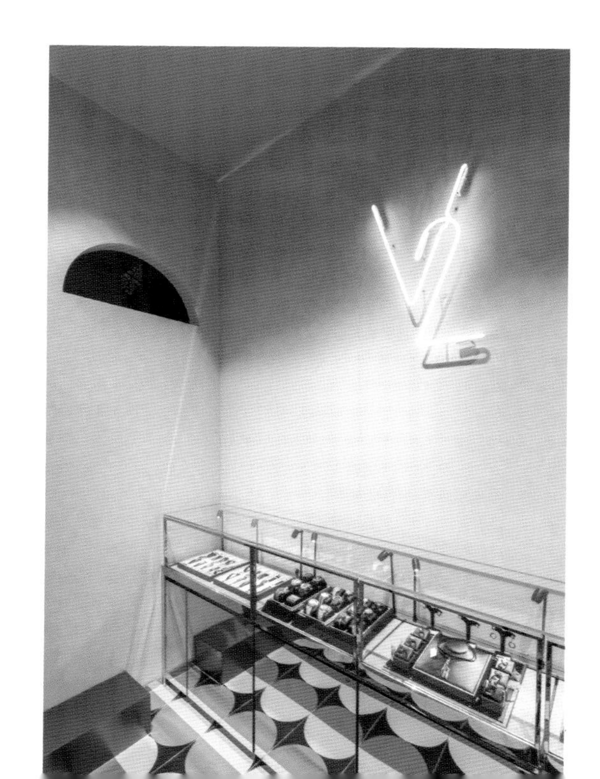

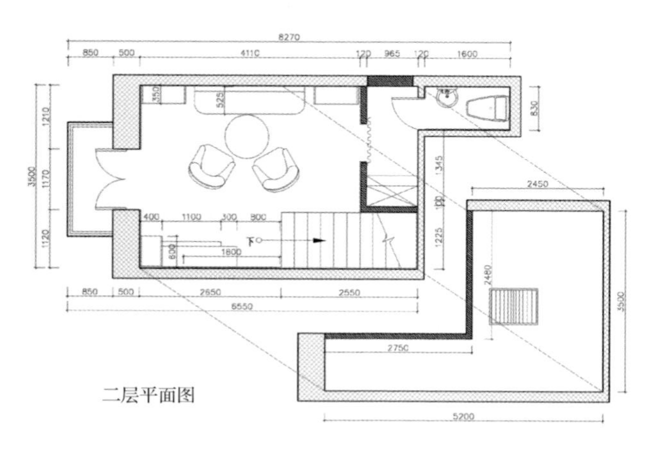

二层平面图

店铺利用阁楼的歇山顶层高做出一部三折楼梯，连接上下空间。楼梯空间以镜面为掩护隐藏在粉色墙面之后，加强了更衣室通往室外的既视感，透露着让人一探究竟的神秘感。上到二楼，就是一个相对而言更私密更舒适的接待空间，延续一楼更衣室的风格，二楼更像是一个私人保险柜。满铺姜黄色的地毯，粉色丝绒的沙发，复古图案的定制墙纸，将整个空间包裹成一个柔软而舒适的私人空间。一整面墙的保险柜将陈列品打上了“收藏”的标签。

商品如何定位

不同的定位，商品展示方式自然也会不同。以桌面展示为例，如果是大众品牌，桌面上就该整齐摆放许多包包，这会给顾客以淘货的感觉；如果是中档的时尚品牌，桌面展示的包包数量就要大大减少，往往可以正面展示几个包包，饰品搭配出品牌风格，这样能够吸引注重时尚的消费群体到店里看一看；如果是高档品牌，桌面展示的往往只有一个包包，不仅要斜面展示，而且多半是放在玻璃柜中，顾客轻易触摸不到。（图 1）

店铺基调设计

首先是箱包店装修主色调的选择。一般推荐选择黑、白、灰，这样的主色调不会抢走包包的风采。装修风格定下后，就是隔层、桌面等的选择。烤漆玻璃是一种物美价廉的好材料，即使是一些大牌，也会运用到。原则是符合品牌风格和定位，千万不要抢包包的风头。灯光，有光的地方自然能吸引眼球，但是光要靠暗来衬托的，这就是灯光运用的技术。（图2）

如何陈列

一些简单原则可供参考：

为了使整体和谐，不论是正面展示还是侧面悬挂，一般要左浅右深，这符合一般人从左到右看东西的习惯。

同一墙面，色彩不是越丰富越好，关键是把色彩分组运用。比如红白蓝的经典搭配，你可以在一个墙面以这三色为主色，互相呼应地摆放，既好看，又整洁。再比如补色的运用，黄的和蓝的放在一起，红的和绿的放在一起……这样的色彩搭配绝对能吸引眼球的注意力。为了使色彩显得更干净利落，不妨运用一些对称、交叉等陈列手法，效果会很好。

点、线、面的结合。其实，包品陈列和其他视觉艺术的道理都是相通的。点，指的是一件一件的包；线指的是各种挂摆包的工具；面指的是整个墙面包括海报的运用。（图3）

图书在版编目（CIP）数据

小空间设计系列 II．服饰店 /（美）乔•金特里编；李婵译．— 沈阳：辽宁科学技术出版社，2020.5
ISBN 978-7-5591-1166-1

Ⅰ．①小… Ⅱ．①乔… ②李… Ⅲ．①服饰－商店－室内装饰设计 Ⅳ．① TU238.2

中国版本图书馆 CIP 数据核字（2019）第 078886 号

出版发行：辽宁科学技术出版社
（地址：沈阳市和平区十一纬路 25 号 邮编：110003）
印 刷 者：上海利丰雅高印刷有限公司
经 销 者：各地新华书店
幅面尺寸：170mm×240mm
印　　张：13.5
插　　页：4
字　　数：200 千字
出版时间：2020 年 5 月第 1 版
印刷时间：2020 年 5 月第 1 次印刷
责任编辑：鄢　格
封面设计：关木子
版式设计：关木子
责任校对：周　文

书　　号：ISBN 978-7-5591-1166-1
定　　价：98.00 元

联系电话：024-23280070
邮购热线：024-23284502
http://www.lnkj.com.cn